土木工程

应用技术 ④

CIVIL ENGINEERING
APPLICATION TECHNOLOGY

中国土木工程学会 编

中国城市出版社

图书在版编目(CIP)数据

土木工程应用技术 4 / 中国土木工程学会编 .
北京：中国城市出版社，2017.3
（土木工程应用技术系列丛书）
ISBN 978-7-5074-3097-4

Ⅰ.①土… Ⅱ.①中… Ⅲ.①土木工程－文集 Ⅳ.
①TU-53

中国版本图书馆 CIP 数据核字（2017）第 509516 号

责任编辑：徐昌强 陈夕涛
责任校对：李美娜 张 颖

土木工程应用技术系列丛书
土木工程应用技术 4
中国土木工程学会 编
*
中国城市出版社出版、发行（北京海淀三里河路 9 号）
各地新华书店、建筑书店经销
逸品书装设计制版
北京京华铭诚工贸有限公司印刷
*
开本：880×1230 毫米 1/16 印张：5½ 字数：159 千字
2017 年 4 月第一版 2017 年 4 月第一次印刷
定价：**45.00** 元
ISBN 978-7-5074-3097-4
（904033）

本书编委会

第十四届中国土木工程詹天佑奖入选工程名单

一、建筑工程（9项）

国家会展中心（上海）；哈尔滨大剧院；望京SOHO中心T1、T2、T3工程；杭州国际会议中心；敦煌莫高窟保护利用工程——游客服务设施建安工程；郑州东站；广东海上丝绸之路博物馆；鄂尔多斯市体育中心；济南天地广场（贵和）工程。

二、桥梁工程（4项）

九江长江公路大桥；天津海河吉兆桥工程；六盘水至盘县高速公路北盘江特大桥；兰州市深安黄河大桥工程。

三、铁道工程（2项）

新建铁路哈尔滨至大连铁路客运专线；武汉至广州客运专线新建武汉动车段。

四、隧道工程（2项）

广深港高铁狮子洋隧道；上海外滩通道工程（北段）。

五、公路工程（3项）

上瑞国道主干线湖南省邵阳至怀化高速公路；崇明至启东长江公路通道工程；福建省泉州至三明高速公路。

六、水利水电工程（1项）

四川大渡河瀑布沟水电站工程。

七、水运工程（1项）

日照—仪征原油管道及配套工程项目（日照港岚山港区30万吨级原油码头工程）。

八、轨道交通工程（3项）

上海市轨道交通16号线工程；北京地铁15号线工程；深圳地铁2号线工程。

九、市政工程（1项）

老港再生能源利用中心工程。

十、燃气工程（1项）

郑州市天然气利用工程。

十一、住宅小区工程（2项）

南京燕子矶新城保障性住房一期工程（E、Q、S、G地块）；北京大兴旧宫朗润园住宅小区。

CONTENTS 目录

第十四届中国土木工程詹天佑奖获奖工程

第十四届中国土木工程詹天佑奖获奖工程

深圳地铁 2 号线工程

工程概况

深圳地铁 2 号线工程是深圳举办 2011 年世界大学生运动会主场馆——后海春茧体育场的交通保障设施，起自赤湾站，终至新秀站，设 29 座地下车站，线路全长 35.78km，分初期和东延段两期建设。

初期工程起自蛇口赤湾站，终至世界之窗站，共设 12 座地下车站，线路全长 15.13km；东延线工程，起自初期工程终点世界之窗站北端，终至新秀站，设 17 座地下车站，全长 20.65km。

线路穿越南山、福田、罗湖中心区，工程环境条件复杂，沿线工程地质岩层起伏较大、地层软硬不均（既穿越了淤泥软弱地层，也穿越了微风化花岗岩层），穿越填海区长度达 7km 以上，6 次下穿既有运营地铁的线路，是国内目前在填海区下穿最长、实施难度最大的地铁线路。

初期工程于 2007 年 6 月 13 日开工建设，东延线工程于 2008 年 6 月开工建设，2011 年 6 月 28 日竣工并全线开通运营，总投资 193.5 亿元。

工程特点与难点

（1）深圳地铁 2 号线初期工程线路中段为填海区，存在块石、地下水腐蚀、填料不均匀、深层软弱图层固结沉降等技术难题。

（2）深圳地铁 2 号线东延线工程沿线经过深圳市华强北商业区、中央商务区、大型住宅区、罗湖老城区，社会环境、地表环境相当复杂，工程征地、房屋拆迁、管线迁改、交通疏解相当困难，且6次下穿运营的地铁区间，工程实施难度很大。

（3）充分体现以人为本、服务至上的理念。如在全线地铁车站出入口设置上下行扶梯，设置公共卫生间，设置无障碍设施并与道路进行有效衔接。

主要科技创新

1. 建设管理理念和设计理念创新

工程建设采用项目负责制的模式，实现全过程项目管理创新；推行“地铁＋物业”新理念，在车辆段实现上盖物业开发；在商业中心设置车站引入TOD设计理念，与地面物业合建风亭、冷却塔，创新了车站与物业结合的设计。

2. 长距离穿越填海区的盾构机选型等综合新技术

开发并采用了深基坑支撑、盾构井环框梁、多联体桩挡土墙施工新技术。复杂地质及环境下盾构机选型综合新技术、盾构始发及联络通道土体加固新技术、高强度硬岩预爆及盾构空推技术。

3. 盾构下穿运营隧道综合控制创新技术

通过隧道掘进测量和参数控制与运营隧道检测联动，实现了小角度、近距离对既有运营隧道的穿越，确保运营隧道安全和正常运行。

4. 创新实现了绿色环保、低碳节能

全线车站照明和列车首次采用智能照明控制的LED绿色节能照明；通过能源管理系统实现电能计量自动采集、集中统计、分析与控制，通风与冷水系统的变频控制实现空调系统的综合节能控制；通过隧道感温光纤实现隧道机械通风按隧道温度节能模式控制。列车首次采用铝基板陶瓷喷涂侧墙墙板环保节能新技术。

深圳地铁 2 号线 盾构下穿地铁运营隧道 综合控制技术

张建祥　宋南涛　钟　杨
彭　帅

中铁二院工程集团有限责任公司
四川成都　610031

摘要：本工程是深圳举办 2011 年世界大学生运动会开闭幕式和重要赛事的后海春茧体育场的交通保障设施。线路穿越南山、福田、罗湖中心区，工程环境条件复杂，地表既有建（构）筑物众多。6 次下穿既有运营地铁，是国内实施难度最大的地铁工程。本文重点分析了下穿既有运营地铁的特点及难点，研究采用了先进的设计施工技术方案，有效解决了下穿施工过程中的各种难题，确保了工程进展顺利。

关键词：盾构；下穿；运营隧道

1　概述

深圳地铁 2 号线工程起自赤湾站，终至新秀站，设 29 座地下车站，线路全长 35.78km，工程环境条件复杂，地表既有建（构）筑物众多。6 次下穿既有运营地铁，是国内实施难度最大的地铁工程。工程于 2007 年 6 月 13 日开工建设，2011 年 6 月 28 日竣工并全线开通运营，总投资 193.5 亿元。

2　下穿既有运营地铁区间隧道工程特点及难点

深圳地铁 2 号线区间隧道左右线盾构施工需先后 4 次下穿运营地铁 1 号线、2 次下穿运营地铁 4 号线。

（1）福田—站市民中心站区间下穿运营 4 号线市民中心站—会展中心站区间矿山法隧道，该隧道跨度 11.66m，采用锚喷构筑法施工，两区间隧道结构最小净距为 1.6m，中间夹土体为全风化岩层，始发端距地铁 4 号线只有 6.542m，盾构机还没有完全进洞就要下穿，土压建立不起来，且在下穿过程中不能同步注浆，4 号线沉降无法控制，容易超限，属于国内首次“始发穿越”（图 1）。

（2）大剧院站—湖贝站区间下穿运营地铁 1 号线国贸站—老街站区间矿山法重叠隧道，为国内首次下穿重叠隧道（图 2）。

（3）燕南站—大剧院站区间以 20° ～ 23° 的平面夹角下穿运营地铁 1 号线大剧院站—科学馆站区间矿山法隧道，左右线下穿范围均达到 70 多 m，地铁 2 号线与地铁 1 号线隧道结构垂直方向最小净距仅 1.71m，下穿难度极大，地面为车水马龙的深圳主要干道——深南大道，安全风险特别高（图 3）。

3　盾构下穿综合控制技术

3.1　下穿地铁 4 号线段区间隧道综合控制技术

4 号线所处的地形起伏不大，地面高程 8.5m，隧道顶面埋深约

>>> **作者简介** <<<

张建祥（1973—　），男，中铁二院工程集团有限责任公司，高级工程师。

宋南涛（1982—　），男，中铁二院工程集团有限责任公司，高级工程师。

钟　扬（1979—　），男，中铁二院工程集团有限责任公司，高级工程师。

彭　帅（1980—　），男，中铁二院工程集团有限责任公司，高级工程师。

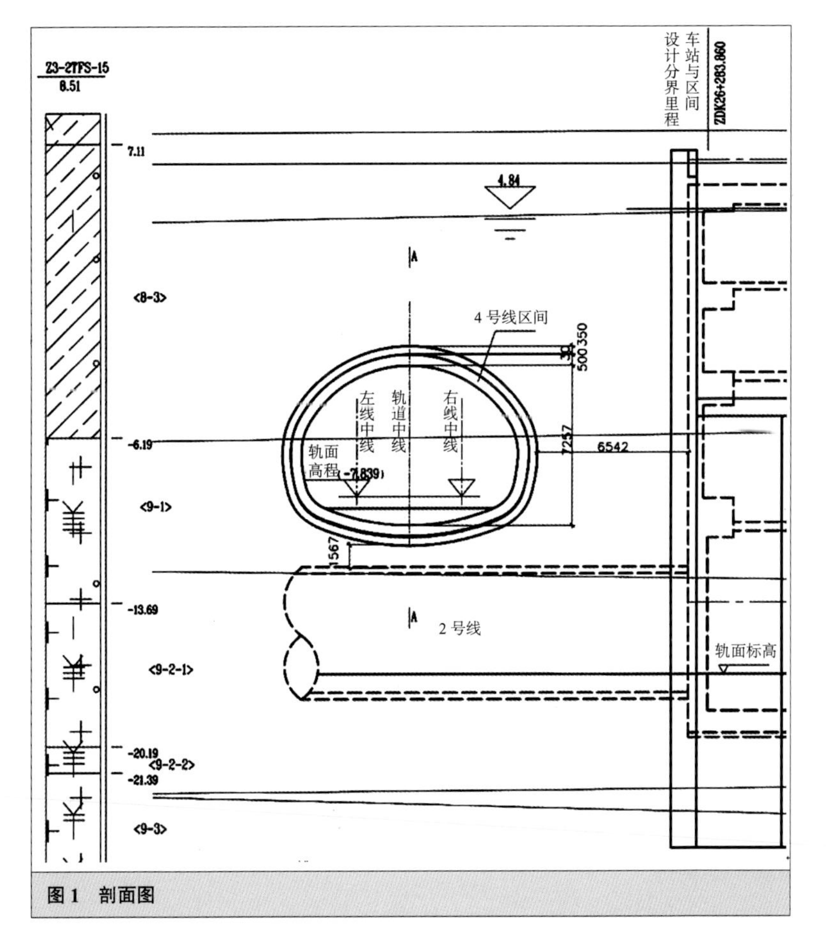

图 1　剖面图

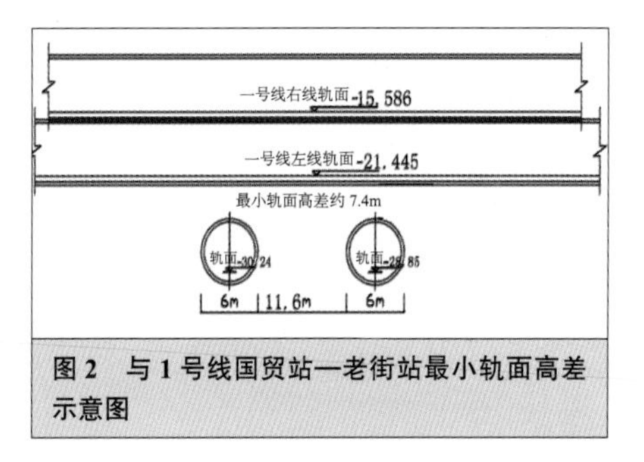

图 2　与 1 号线国贸站—老街站最小轨面高差示意图

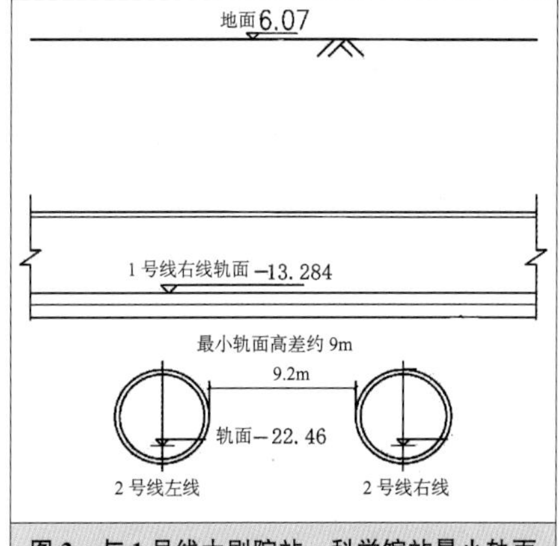

图 3　与 1 号线大剧院站—科学馆站最小轨面高差示意思

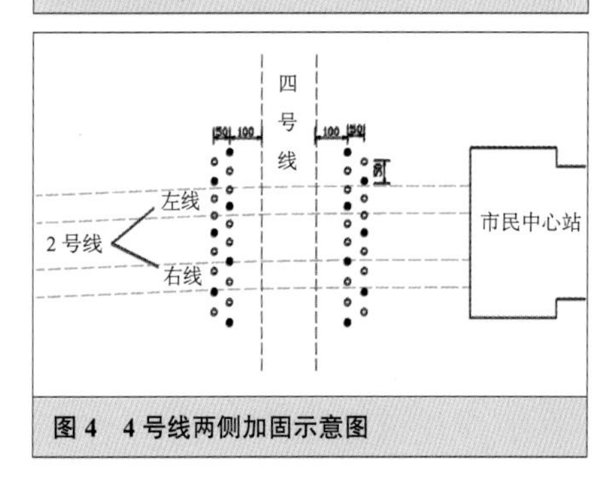

图 4　4 号线两侧加固示意图

19.58m。2 号线隧道最小净距约 1.567m，隧道边墙与市民中心站围护结构间净距约 6.5m。4 号线隧道为采用矿山法施工的单洞双线隧道。

（1）市民中心站围护结构在隧道洞门影响范围内采用玻璃纤维树脂棒替代钢筋，直接通过盾构机刀盘对围护结构进行切削的方式进行始发，利用盾构机本身提供对土体的抗力，减少对地层的扰动，从而避免和减少对 4 号线隧道的影响。

（2）为减少地层加固期间对 4 号线区间隧道的影响，注浆加固范围为线路纵向 2.7m，隧道周边 3.0m 线以内的范围，对旋喷桩难以实施的强风化地层采用袖阀管补充注浆。

（3）4 号线隧道两侧加固技术。从地铁 4 号线隧道两侧距离 1m 采用地质钻机钻孔后，将带注浆孔的袖阀管插入地层，封闭孔口，在监测的前提下，采用静压注浆措施，使水泥浆液在压力条件下较均匀的渗入地层，从而提高地基承载力，降低地层渗透能力，保证盾构机安全通过（图 4）。

（4）车站洞门密封技术。由于市民中心站隧道埋深深，端头为全风化和土状强风化花岗岩地层，渗透系数大，井外地下水位高。要确保 4 号线安全，只有确保盾构始发时洞门密封不漏水，土仓内建立起土压力，因此，只依靠洞门橡胶帘布板和洞门压板对洞门进行密封是不可靠的。

在盾构进洞时，采用了一种特殊的封门形式——钢套筒钢丝刷洞门密封，即在井内洞门加 800mm 长的钢套筒，内径为 6500mm 与端墙预留洞口内径相同，钢套筒与井壁连成一体，钢套筒后端设有密封装置，筒体上设置两道钢丝刷密封，盾构切削围护结构始发时，通过钢丝刷与盾构外壳形成密封，消除了盾构机与洞门钢圈之间间隙水土的流失，同时土仓内土压力能够提前建立（图 5）。

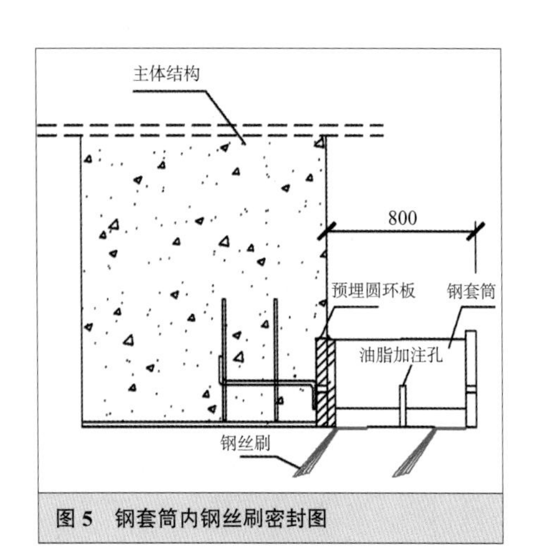

图 5　钢套筒内钢丝刷密封图

（5）根据隧道所处区域的地质条件合理选择盾构掘进参数（刀盘转速、土仓压力、油缸推力、螺旋输送机转速），控制好同步注浆量、掘进速度以及出土量是控制既有隧道变形的关键因素。

（6）盾构下穿地铁 4 号线施工过程中，根据设计和《盾构法隧道施工与验收规范》GB 50446—2008 的要求，对正在运营的地铁 4 号线隧道的变形实行自动化监测，根据监测情况及时调整盾构施工参数。

当 2 号线盾构区间隧道在 4 号线区间隧道正下方掘进时，4 号线区间隧道的沉降速率较大，最大沉降量约为 7.1mm，在变形控制指标范围内。

3.2 下穿地铁 1 号线段区间隧道综合控制技术

为确保下穿工作的顺利进行，将下穿地铁 1 号线范围划分为试验段、穿越段、保护段 3 个区段，对每个区段进行有针对性的施工组织、资源配置、技术措施，确保盾构安全通过风险范围。

3.2.1 试验段

试验段为盾构机刀盘到达下穿地铁 1 号线起始里程前 50m 处至盾构机刀盘到达下穿地铁 1 号线起始里程点。试验段掘进的主要目标是在推进过程中设定多种推进参数、尝试不同推进模式，掌握同类型地层的地质特性、沉降规律。根据实际施工过程中的出土量、地表沉降量、深层土体变化情况等不断对土仓压力、总推力、掘进速度、注浆量及注浆压力、泡沫设置、土体改良剂配比等掘进参数进行调整，总结出合适的推进模式与参数，为正式下穿地铁 1 号线提供经验和依据，在正式穿越地铁 1 号线段过程中可以有效地控制土体沉降变形，保证地铁 1 号线的运营安全。

3.2.2 穿越段

穿越段为盾构机刀盘进入下穿地铁 1 号线起始里程点至盾构机盾尾脱出下穿地铁 1 号线终止里程点。穿越段的施工应根据试验段的经验进行掘进参数的设定，并根据地表监测结果以及地铁 1 号线内的自动化监测数据对掘进参数进一步优化，采取一切措施控制土体沉降和位移，确保地铁 1 号线的运营安全。

3.2.3 保护段

保护段为盾构机盾尾脱出下穿地铁 1 号线终止里程点至盾构机盾尾到达下穿地铁 1 号线终止里程以外 50m 处。为确保整个穿越过程的成功，有效控制地铁 1 号线的变形，在该区段施工时仍需对土压力、推进速度、出土量、注浆量和注浆压力设定与地面沉降监测结果进行对比分析，严格控制土体沉降和位移，确保地铁 1 号线的运营安全。

当 2 号线右线穿越后，最大累计沉降稳定在 -4.2mm；当 2 号线左线穿越完成后，最大累计沉降稳定在 -7.6mm；而左右线重叠影响最大累计沉降为 -13.8mm；均在变形控制指标范围内。

4 小结

通过地铁 2 号线 6 次下穿既有运营隧道的综合控制技术，积累了丰富的设计、施工、监测经验，为后续工程提供了很好的工程借鉴作用，特别是对于国内其他城市线网规划、线路平纵断面设计、施工综合控制措施等方面有很好的参考价值。由于 2 号线盾构下穿运营隧道综合控制技术的研究成果，使深圳地铁三期工程中各条规划在建的地铁区间隧道下穿既有运营的 5 条地铁线路时，通过减小两条线路隧道之间的距离，避免和缩短了新建地铁隧道穿越基岩凸起地层的长度，大大降低了工程造价，节约了工期，取得了很好的经济效益和社会效益。

深圳地铁 2 号线 绿色环保、低碳节能综合技术

刘伊江　龙　潭　高慧翔
苏平安　高　建　周　伟

中铁二院工程集团有限责任公司
四川成都　610031

摘要： 本工程车站设备系统的设计始终秉承“节能环保”的宗旨，通风空调系统采用双速可逆转隧道风机、超低噪双风机冷却塔，可最大幅度降低夜间的噪声扰民；空调送风系统采用蜂窝式静电空气净化装置保证了站内空气品质；防排烟系统的综合措施保证了烟气控制能力；经过专门配光设计的 LED 照明大大提升了站内光环境的舒适度；智能照明控制系统与乘客资讯系统互联，配合列车的到、发动态调整站台照度；一体化密闭式污水提升装置极大地改善了运营维修人员的工作条件，体现了从建设到运行的工程全寿命周期的绿色理念，2012 年全年站均非牵引能耗指标较深圳既有线路低 18.2%。

关键词： 节能；环保；低碳

1　概述

深圳是我国改革开放的前沿，也是各种新技术、新理念的前沿。深圳地铁 2 号线穿越南山区、福田区、罗湖区三个城市核心区，沿线人口密集，高楼林立，住宅小区、学校、医院等敏感点多，如何确保最大限度地降低地铁运营期间噪声、振动扰民，是设计中面临的另一大难题。车站设备系统始终是直接面对乘客服务的系统，通风空调系统需确保公共区空气品质达到《公共场所集中空调通风系统卫生规范》所规定的标准；防排烟系统、水消防系统、气体灭火系统、电气火灾监控系统需确保各种火灾工况下能及时被发现、有效控制火情、排除烟气；屏蔽门、电扶梯的运行更需确保乘客人身安全。首次系统地采用全线车站照明和列车智能照明控制的 LED 绿色节能照明；实现空调系统的综合节能控制；实现隧道机械通风按隧道温度节能模式控制。车站设备系统处处体现了“安全、舒适，以人为本”的原则，在历年乘客满意度调查中，深圳地铁 2 号线始终名列第一。

>>> 作者简介 <<<

刘伊江（1973—　），男，中铁二院工程集团有限责任公司，教授级高级工程师。

龙　潭（1979—　），男，中铁二院工程集团有限责任公司，高级工程师。

高慧翔（1978—　），男，中铁二院工程集团有限责任公司，高级工程师。

苏平安（1975—　），男，中铁二院工程集团有限责任公司，高级工程师。

高　建（1981—　），男，中铁二院工程集团有限责任公司，高级工程师。

周　伟（1981—　），男，中铁二院工程集团有限责任公司，高级工程师。

2　关键技术

2.1 基于冷源群控的一次泵变流量系统

城市轨道交通工程空调冷水系统通常采用一次泵定流量冷水系统，且通常由 BAS 系统完成监控。深圳地铁 2 号线采用了基于冷源群控技术的一次泵变流量冷水系统，大大降低了冷源系统的输配能耗。

2.2 风、水系统解耦变频控制

提出相关控制策略，对公共区空调系统的送风机、回排风机与空调冷水系统的冷水泵采用解耦变频控制，避免了因空气与水的热惰性差异导致被控参数振荡。

2.3 烟气倒灌及窜烟综合防治措施

地下车站防排烟系统设计中，烟气倒灌及窜烟问题始终是难以解决的两大难题。车站火灾工况下，由排风亭排至地面的烟气极易因站内的负压过大而由邻近的新风亭或出入口倒灌回流；另一方面，因车站内部系统复杂，各区域之间极易形成窜烟，《地铁设计规范》GB 50157—2003 及《城市轨道交通技术规范》GB 50490—2009 均规定，站台公共区发生火灾时，应保证站厅到站台的楼、扶梯口处具有能有效阻止烟气向站厅蔓延的不小于 1.5m/s 的向下气流。深圳地铁 2 号线通过一系列综合措施，很好地解决了这两大难题。

2.4 LED 照明照度均匀度控制及光衰控制

照度均匀度和光衰历来是制约着 LED 光源作为一般室内照明的两大关键技术难题。深圳地铁 2 号线通过特殊的配光设计保证了室内照度均匀度，通过特殊的散热设计控制了大功率 LED 颗粒（1W）的光衰。

2.5 基于 EIB 的智能照明控制

应用 EIB（欧洲电气安装总线协议）技术，根据运营需要将所控区域预设为若干照明场景，通过就地面板控制、时间自动控制、照明终端中央监控控制等控制方式均可在各种场景间切换。应用 DALI（数字可寻址调光控制）技术，简化照明控制系统的安装。每个 DALI 数字调光控制器可通过双绞线连接 64 个可寻址电子镇流器，通过对每个数控可调光电子镇流器的监视和控制，实现对整个公共区照明的智能控制。

2.6 曲线站台屏蔽门设计

深圳地铁 2 号线世界之窗站南端缓和曲线进站，左线曲线半径 1200m，进入有效站台 24.5m，右线曲线半径 1500m，进入有效站台 11.6m。侨香站为全曲线站台，左线曲线半径 1013.2m，右线曲线半径 1000m。站台为曲线时，屏蔽门的安装需进行针对性设计，以最大限度地减小门体与列车之间的缝隙，降低乘客被夹的风险。

3 技术创新

3.1 通风空调

3.1.1 隧道通风

隧道风机（TVF）采用双速可逆转风机。夜间作业通风时低速运行，降低噪声水平，事故通风时高速运行，保证气流组织所需隧道断面风速。

利用综合监控系统提供的平台，以感温光纤测得的车站段隧道温度实时变频控制车站段隧道排热风机（U/O）（图 1）。

因地制宜地设计隧道通风系统，单、双活塞风井方案相结合。典型区段采用双活塞风井设计方案，初期工程海上世界—水湾路—东角头区段以及东延线工程华强北—燕南—大剧院区段穿越老城区或城市中心区，地面建筑密集，采用单活塞风井方案（图 2）。

3.1.2 车站公共区通风空调系统

组合式空调机组内设蜂窝式静电空气净化装置，保证公共区空气品质符合《公共场所集中空调通风系统卫生规范》要求。空气净化装置电源与组合式空调机组检修门电气连锁，确保检修人员安全。送风

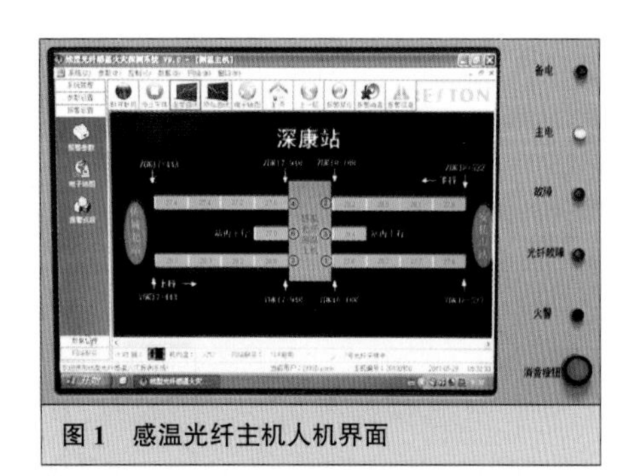

图 1　感温光纤主机人机界面

图 2　沿线地标性建筑

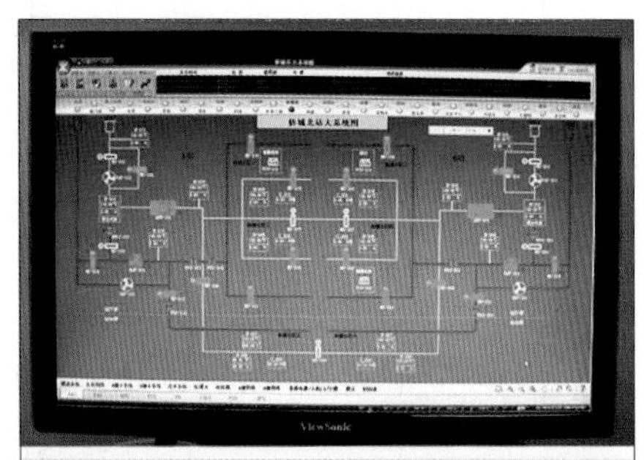

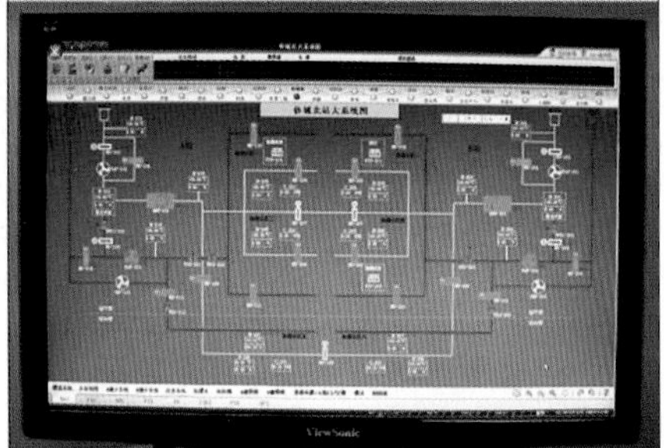

图 3　综合监控系统人机界面上显示的大、小系统图

机、排风机采用变频控制。新风阀、回排阀、排风阀采用连续量（调节型）风阀，用于模式切换的阀门及风机连锁阀门采用开关量（通断型）风阀（图 3）。

3.1.3 设备管理用房区通风空调系统

严格按房间功能、室内参数、使用时间设置设备管理用房区通风空调系统，非运营时段关闭部分管理用房空调以利于节能运行。部分车站空调管理用房采用空气—水系统，大大减少管线数量。新风阀、回排阀、排风阀采用连续量（调节型）风阀，用于模式切换的阀门及风机连锁阀门采用开关量（通断型）风阀（图 4、图 5）。

3.1.4 空调水系统

采用基于冷源群控的一次泵变流量冷水系统，实现“一键启停”。

图 4　连续量风阀执行机构　　图 5　开关量风阀执行机构

以供回水总管压差控制冷水泵运行频率。为保证低负荷率下冷水机组回油，冷却水泵也采用变频控制。采用双风机型冷却塔，既可进一步保证低负荷率下的冷水机组回油，也降低了部分负荷下的运行能耗及噪声水平（图 6～图 10）。

3.1.5 系统控制

因公共区空调送风机、回排风机及空调水泵均采用了变频控制，通过解耦控制策略，彻底避免了因空气、水的热惰性的巨大差异而导致的被控参数振荡。

3.1.6 防排烟系统

通过“按端排烟，异端异层补风”彻底解决了排烟由新风亭或出入口倒灌问题。通过“火灾工况各子系统协同动作”“空调回风管增

图 6 冷水机房

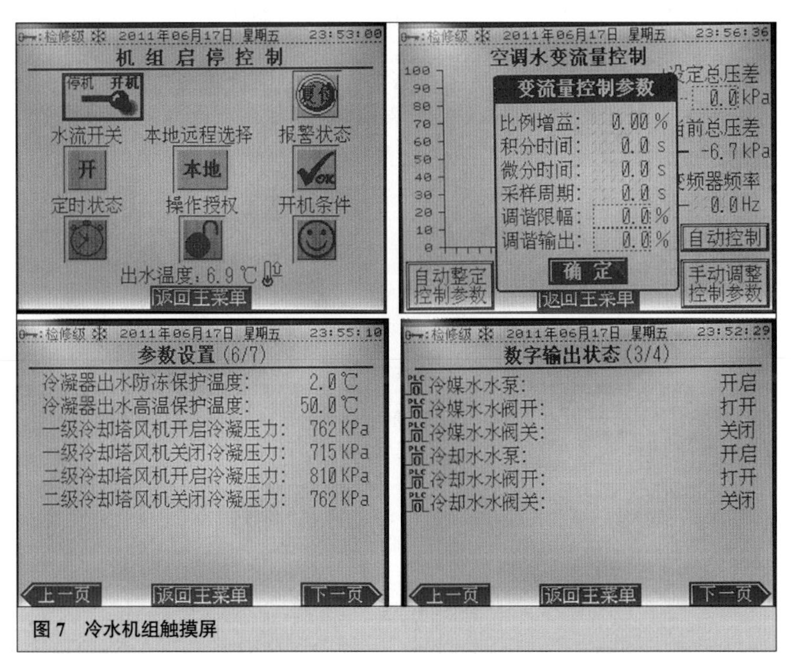

图 7 冷水机组触摸屏

图 9 冷源群控柜内主 PLC 及 I/O 模块

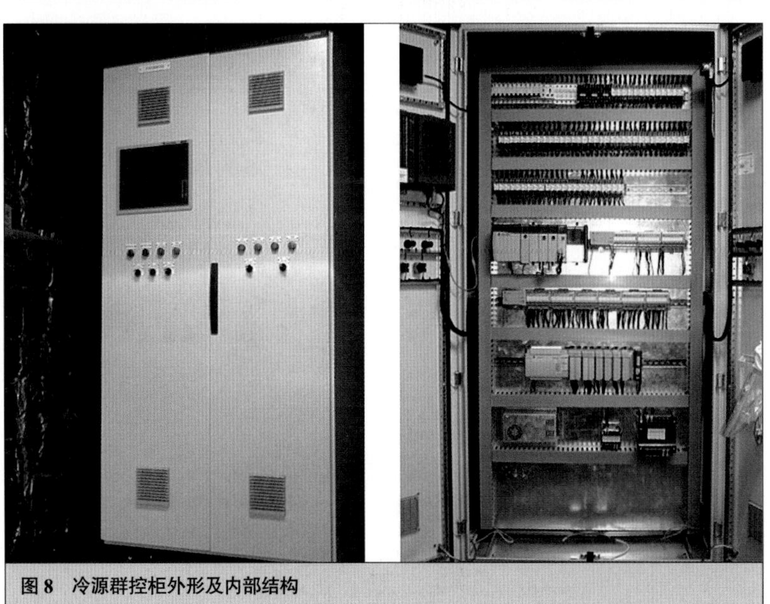

图 8 冷源群控柜外形及内部结构

图 10 群控柜内副 PLC

设防烟防火阀”“站厅层楼、扶梯口增设集中补风口”“各排风管增设止回阀”等措施解决了内部窜烟及楼、扶梯口向下 1.5m/s 风速的难题。通过“单独设置公共区排烟风机”“取消排烟风机连锁电动风阀”等措施保证了公共区防排烟系统模式切换速度及烟气控制能力。

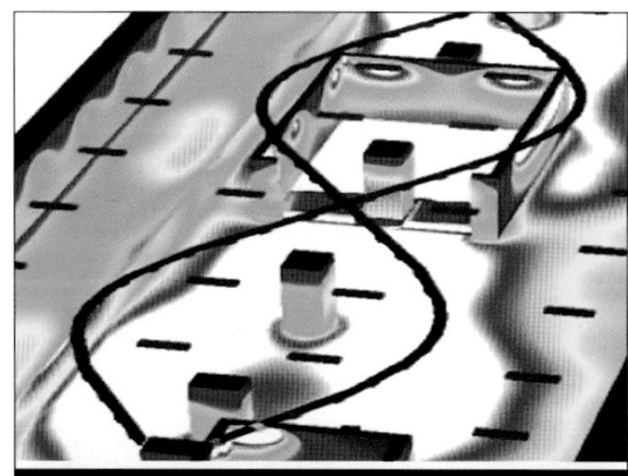

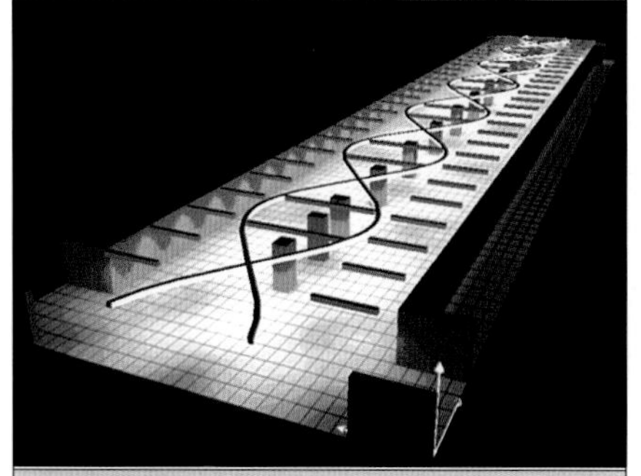

图 12　计算机模拟照明伪色图、效果图

图 13　站厅层效果图

图 14　实景照片

3.2 动力与照明配电

3.2.1 LED 照明设计

深圳地铁 2 号线在国内外城市轨道交通行业首次大范围采用 LED 照明技术。灯具采用漫反射技术，并经特殊的配光设计，将 LED 点光源转化为“见光不见灯”的高效薄形面光源，使得灯具发射出的光线柔和均匀，视觉效果舒适并保证了视觉安全，且投射范围较大，彻底消除了明暗斑马线、刺眼、强烈眩光等 LED 作为一般照明的常见缺点，很好地解决了灯具效率与光环境舒适性的矛盾。通过计算机模拟照度分析，调整 LED 灯具布置方案，满足照度均匀度的要求。车站站厅、站台总平均照度达 300lx 以上，照度均匀度可达 0.7 以上，达到国际领先水平。

深圳地铁 2 号线大范围采用 LED 照明，不仅单灯节能效果明显，而且光源使用寿命长、维护工作量小。品牌 T8 双管荧光灯灯具功率 80W（含镇流器功耗），而本项目采用的 LED300 型灯具（与 T8 外形尺寸一致）单灯功率 63W（含镇流器功耗），平均单灯节电率达 21.3%。同时，本项目采用的 LED 灯具使用寿命达到 32000 小时以上，即 32000 小时光通量维持值 70%，按地铁照明每天运行 17 小时计算，可以免维护使用 5 年，大大减少运营维护工作量。

此外，设计中将 LED 灯具可任意造型的优势几乎发挥到了极致，通过“S”形、环形、双螺旋线形等多种异形灯带造型充分满足装修要求，形成了深圳地铁 2 号线独树一帜的简洁、现代的装修风格，堪称技术与艺术完美结合的典范（图 11～图 14）。

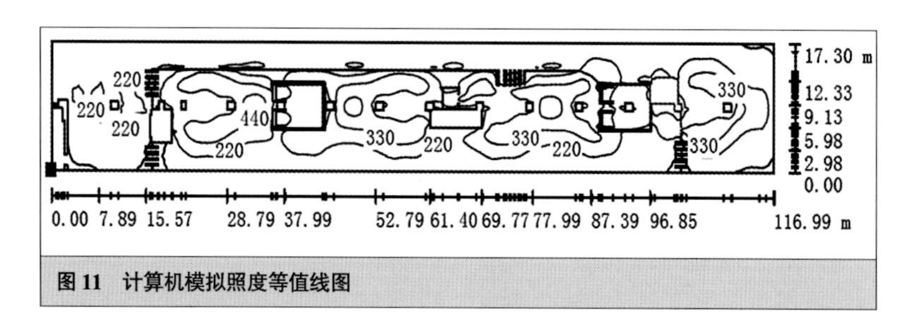

图 11　计算机模拟照度等值线图

深圳地铁 2 号线 LED 照明设计于 2010 年获得中国 LED 应用工程优秀奖。

3.2.2 基于 EIB 的智能照明系统

深圳地铁 2 号线全线车站及车辆段、停车场均采用了智能照明控制技术，是国内首条全线采用智能照明技术的城市轨道交通新建线路。

应用 EIB（《欧洲电气安装总线协议》）技术，根据运营需要将所控区域预设为正常模式、节电模式、火灾模式、停运模式 4 种照明场景，通过就地面板控制、时间自动控制、照明终端中央监控控制等控制方式均可在各种场景间切换。在车控室 IBP 控制面板上安装有 EIB 人机界面，通过 EIB 可视化软件可实现对各照明回路灯具的实时监视及控制（图 15）。

应用 DALI（数字可寻址调光控制）技术，简化照明控制系统的安装。每个 DALI 数字调光控制器可连接 64 个可寻址电子镇流器，通过对每个数控可调光电子镇流器的监视和控制，实现对整个公共区照明的智能控制。各控制回路使用具有电流检测功能的负载输出控制器。当回路中出现异常（如灯具损坏、线路故障）时立刻发出报警信息，方便工作人员检修维护，保证照明的可靠性。

智能照明控制系统与乘客资讯系统互联，配合列车的到、发动态调整站台照度：列车进站时，进站侧站台屏蔽门光带连续调节至预设亮度，提示乘客列车到达，并给乘客上下列车提供足够的环境照度；列车离站过程中，离站侧屏蔽门光带连续调低至预设亮度，保持基本照度要求以节约电能（图 16）。

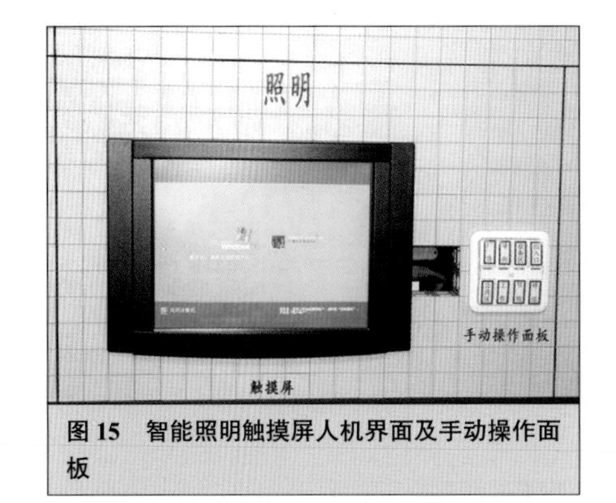

图 15　智能照明触摸屏人机界面及手动操作面板

图 16　左线列车即将进站，屏蔽门灯带调高亮度

3.2.3 能源管理系统

深圳地铁 2 号线是全国第一条应用能源管理系统的城市轨道交通工程。能源管理系统通过地铁的骨干网络从开关柜、MCC 柜集中获取能源数据，实现能源数据集中监控和管理。能源管理系统集成于综合监控系统，作为综合监控系统的子系统。实现数据采集和存储、实时监控、能源管理分析、档案建立和报表功能等。

深圳地铁 2 号线能源管理系统共分为中央级、车站级和现场级三个控制级。中央级能源管理系统设置在地铁控制中心，完成能源数据采集、存储、分析和发布。车站级能源管理系统设置在地铁车站控制室，完成车站能源数据实时动态采集和监控、趋势图显示和故障异常报警等功能。现场级通过其通信控制模块、现场总线与高、低压开关柜内计量装置（带通信接口和电能累计功能）的连接，并通过以太网模块将信息转换到车站级能源管理系统。

3.2.4 电气火灾监控系统

深圳地铁 2 号线在全线采用了电气火灾监测系统，对地铁内电气火灾进行有效的防范，是国内首条应用电气火灾监测技术的城市轨道交通线路。

电气火灾监控系统采用了基于蓝牙的无线数据传输技术，由设置在车站控制室 / 监控设备室的电气火灾监控设备（监控主机）、蓝牙测温式电气火灾监控探测器、线型光纤电气火灾探测器、蓝牙数据采集器及系统软件组成。并与综合监控系统设置互通信息的接口，在综合监控系统的人机界面上进行综合显示。

通过对 0.4kV 低压开关柜室、跟随变电所、环控电控室重要回路接线端子的温度监测以及剩余电流监测，达到电气火灾预警的目的。

温度监测的回路及范围主要包括变电所配电变压器与低压进线柜联络线压接端子处、低压进线柜断路器上下接口处、母联柜断路器上下接口处、三级负荷总开关断路器上下接口处、环控一、二级负荷馈出回路断路器上下接口处、环控电控室进线柜断路器上下接口处、三级负荷进线开关断路器上下接口处。剩余电流监测的回路及范围主要包括低压进线回路、母联 、三级负荷总开关回路、环控一、二级负荷馈出回路。同时，预留线型光纤电气火灾探测器对低压母线和配电电缆进行温度探测的能力，必要时可设置感温光纤对上述对象进行温度探测和保护（图 17）。

3.2.5 双速可逆风机电气控制设计

要实现风机的"双速"且"可逆"，风机的控制回路设计相对复杂。配合隧道通风系统选用双速可逆隧道风机，电气控制回路进行了专门设计。双速风机的电动机可有两种绕组接线形式，一种是单绕组抽头形式，另一种是独立双绕组形式。对单绕组抽头形式，高、低速采用同一绕组，通过在一次主回路上外加接触器实现抽头绕组间的切换，从而实现隧道风机高、低速调速。对独立双绕组形式，一次主回路上不需另加接触器，由 BAS 系统直接驱动二次控制回路的高速或低速接触器即可实现高、低速调速。两类绕组接线形式都需要在高、低速一次主回路上并"反相"接触器，从而实现电动机的正、反转。

图 17　电气火灾探测器

深圳地铁 2 号线采用了第二类绕组接线形式，即独立双绕组，其优势十分显著：第一，电动机高、低速绕组和电气控制回路相互独立，即使其中任一绕组或控制回路故障，另一绕组和控制回路仍然可正常运行，系统可靠性高。第二，电气控制回路接线简单，故障率低，控制回路元件数量少（单绕组抽头形式控制回路共需采用接触器 5 个、继电器 11 个，而独立双绕组仅需接触器 4 个、继电器 7 个），大大节省了一次建设投资和运营维护成本。

图 18　一体化密闭式污水提升装置

3.3 给排水及消防

传统的集水坑式污水泵房，由于集水坑有效容积较大，达到水泵启动水位时，污水在集水坑内已经积聚、发酵，加之集水坑检修盖板密封不够严密，在污水泵工作时会泄漏出臭味，污染车站地下空间的空气，乘客投诉率高。

深圳地铁 2 号线在国内轨道交通行业内首次全线采用一体化密闭式污水提升装置，替代传统的集水坑式污水泵房，大幅提升运营环境，降低了乘客投诉率。该设备具有轻便紧凑、密封无漏、性能可靠、强劲易用、坚固耐用、防腐耐磨、自动监控、无人值守、维护检修简便等特性，其使用寿命应不低于 20 年。集水箱壳体采用工程复合型材料一次整体冲压成型（无接缝），箱体完全密封，故无任何异味泄漏。因深圳 2 号线使用效果良好，近年来日渐被国内各城市新建地铁项目采用（图 18）。

3.4 屏蔽门

3.4.1 先进的控制系统设计

西方国家的轨道交通在 20 世纪 70 年代前已基本形成规模，其机电系统大多仍以 20 世纪六七十年代的技术为主。就屏蔽门控制系统而言，其核心的控制元器件大多仍采用继电器触点进行逻辑判断，远远滞后于当前的计算机技术。

深圳地铁 2 号线屏蔽门系统设计过程中，摒弃了国外的落后控制模式，对核心控制部件——门控单元（DCU），采用了双 CPU 作为中央处理单元，大幅度提高了系统逻辑处理速度，降低了系统反应时间，同时减少了继电器数量，降低了故障率。

3.4.2 配合火灾工况特殊设计

当站台发生火灾时，通风空调系统利用隧道风机辅助站台层排烟时，需要站务人员在车控室 IBP 盘上操作开启屏蔽门滑动门。国内多数城市或线路的做法是打开单侧站台所有滑动门。在灾害情况下，由于恐慌和视野受限，很可能导致乘客跌落轨道而造成次生灾害。

深圳地铁 2 号线屏蔽门系统在车控室 IBP 盘上设置了 4 个钥匙，站台层公共区发生火灾时可按需打开同侧站台首尾各一道滑动门，最大限度地降低发生二次伤害的概率；列车发生火灾停靠站台时则可按需要预先打开同侧所有滑动门，保障人员快速疏散（图 19）。

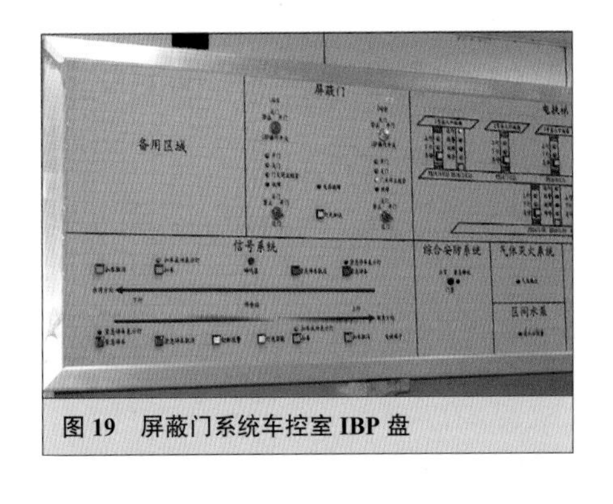

图 19　屏蔽门系统车控室 IBP 盘

3.4.3 综合防夹措施

在滑动门门框靠轨侧设置防攀爬斜坡。该装置为滑动门门体的一部分，本身不侵限，表面为斜面，防止乘客站立（图 20）。

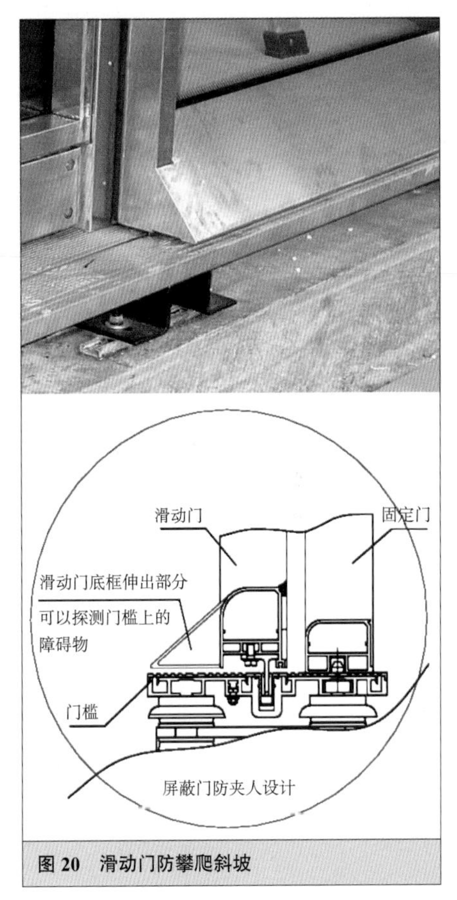

图 20　滑动门防攀爬斜坡

在每侧站台的列车进站端设置红色瞭望灯带，当有乘客或物品夹在列车车辆与屏蔽门之间时，司机看不到瞭望灯带的灯光时不得发车，避免对乘客造成人身伤害。

在屏蔽门门槛的轨道侧加装一定宽度的橡胶条，减少其间的空隙，减小乘客踏空跌倒的可能性（图 21）。

3.4.4 曲线站台屏蔽门布置

深圳地铁 2 号线世界之窗站南端缓和曲线进站，左线曲线半径 1200m，进入有效站台 24.5m，右线曲线半径 1500m，进入有效站

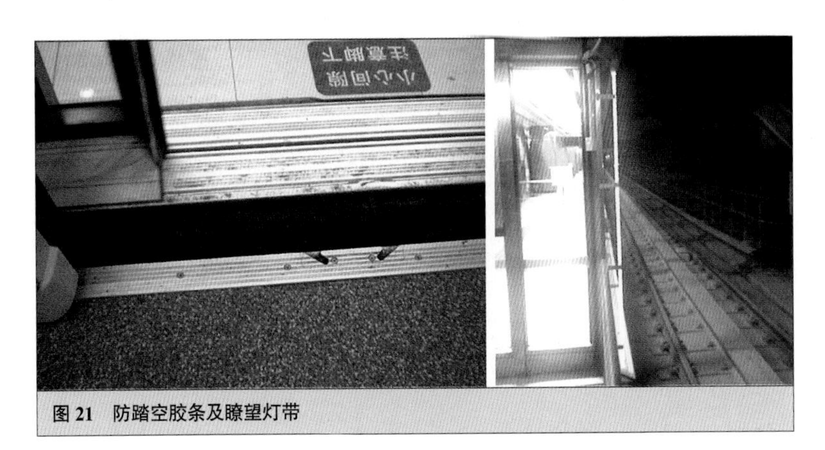

图 21　防踏空胶条及瞭望灯带

台 11.6m。侨香站为全曲线站台，左线曲线半径 1013.2m，右线曲线半径 1000m。站台为曲线时，屏蔽门的安装需进行针对性设计，以最大限度地减小门体与列车之间的缝隙，降低乘客被夹的风险（图 22～图 24）。

图 22　侨香站左线站台

3.5 电扶梯

3.5.1 扶梯设计

全线出入口均采用有盖设计。选择公共交通型重载扶梯，整体铸铝式梯级，全自动润滑系统，外置式滚轮。扶梯的速度可在 0～0.65m/s 范围内任意设定。扶梯上无乘客时，扶梯按 0.15m/s 的节能速度运行，有乘客进入时，扶梯从 0.15m/s 加速至额定速度 0.65m/s 运行。站内扶梯的动力配电箱、变频器和制动电阻设置于站台层的扶梯三角机房，可减少设备发热对扶梯内部的影响，并可缩短扶梯上机仓长度，有利于优化车站布局。另外，结合地铁工程特点，对乘客视线之外的出入口扶梯增设中间支撑，减小扶梯最大跨距，降低挠度，在不降低设备标准的前提下，达到减小桁架尺寸，达到降低设备投资的目的（图 25）。

3.5.2 电梯设计

电梯的设置充分体现了以人为本的设计思路。所有电梯在地面均设置了进深不小于 2.1m 地面候梯厅，有效地避免了恶劣天气对设备

图 23　侨香站右线站台

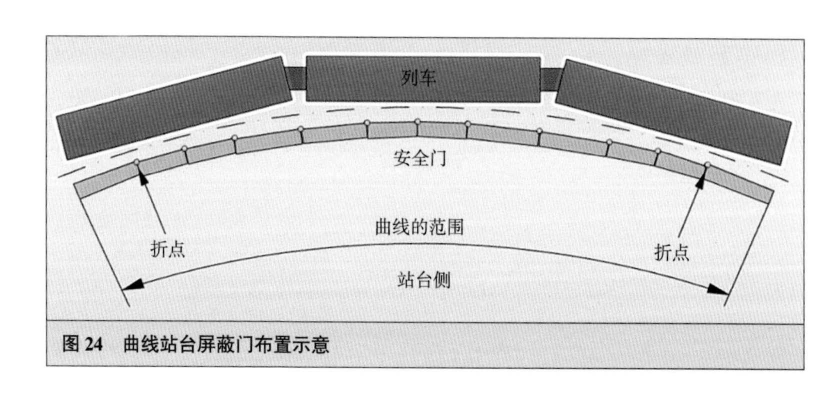

图 24　曲线站台屏蔽门布置示意

No.	部件名称	材料
1	踏板	铝合金
2	踢板	铝合金
3	托架	铝合金
4	黄色安全边线	喷漆
5	黄色安全边线	喷漆
6	主滚轮	橡胶、低碳钢 / 铸铁
7	副滚轮	橡胶、铝合金

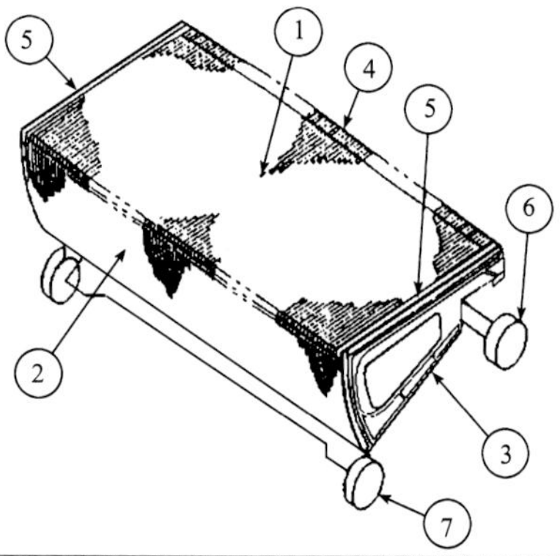

图 25　扶梯部件名称及材料

的影响，并增加使用者的舒适度。电梯门与城市盲道系统及站内盲道系统无缝衔接。电梯层门两侧除常规控制箱外，增设副控制箱供乘坐轮椅者使用（图 26）。

图 26　红树湾站下沉广场的电梯候梯厅及钢结构扶梯顶棚

4　主要技术经济指标

4.1　工程投资

各项目的概算额及技术经济指标见表 1。

表 1　项目概算额及技术经济指标

序号	项目名称	概算额（万元）				技术经济指标		
		车站	段、场	控制中心	合计	单位	数量	指标
1	通风空调	27846.85	1996.73	64.27	29907.85	车站	28	994.5 万元 / 站
2	给排水	10822.47	1455.62	24.95	12303.05	车站	28	386.5 万元 / 站
	气体灭火	4039.54			4039.54	车站	28	144.3 万元 / 站
	给排水小计	14862.01	1455.62	24.95	16342.58	车站	28	530.8 万元 / 站
3	动力照明	37438.53	1884.85	87.73	39411.10	车站	28	1337.1 万元 / 站
4	屏蔽门	18043.93			18043.93	对	1800	10.0 万元 / 对
5	扶梯	21866.84			21866.84	台	216	101.2 万元 / 台
	电梯	2392.42			2392.42	台	57	42.0 万元 / 台
	电扶梯小计	24259.26			24259.26	站	28	866.4 万元 / 站
6	合计	122450.57	5337.20	176.95	127964.72	车站	28	4373.2 万元 / 站

注：2 号线福田站的投资纳入福田枢纽项目单独计列，上表中不含福田站投资。

4.2　运行能耗

深圳地铁 2 号线 2012 年全年非牵引用电量 7559.77 万 kWh（其中含通信、信号等弱电系统用电），站均年非牵引用电量 260.68 万 kWh，换算为单位小时车站耗电量为 408.11kWh/ 站 · h。

5 与国内先进水平的比较

选取同为A型车6辆编组的广州1号线、广州2号线、上海1号线（2010年以后改为8辆编组）、上海2号线、南京1号线进行横向比较，单位小时车站电耗数据见表2。

表2 各线路单位小时车站电耗表

线路		深圳2号线	广州1号线	广州2号线	上海1号线	上海2号线	南京1号线
单位小时车站电耗	kWh/站·h	408.11	561.54	662.63	403.59	695.21	429.26
节能率	%	—	27.3	38.4	-1.1	41.3	4.9

注：以上其他各城市数据引自张雁，宋敏华，冯爱军编著:《城市轨道交通可持续发展研究及工程示范》，第六章，中国建筑工业出版社。

考虑到各城市所处地域的差别，深圳与广州均为夏热冬暖地区，年均空调期约10个月，而上海、南京为夏热冬冷地区，年均空调期约5.5个月，可知深圳地铁2号线的实际非牵引能耗指标远低于其他各线。

深圳地铁 2 号线弱电系统工程

周　挺　袁　钊　樊　伟
张贤逵　刘名元　李海博

中铁二院工程集团有限责任公司
四川成都　610031

摘要：深圳地铁 2 号线弱电系统工程包括通信、信号、综合监控、自动售检票、综合安防、乘客资讯及车场智能化等弱电系统，是近年来我集团公司总体总包建成开通的全套弱电系统工程之一（包含城市轨道交通弱电所有机电子系统）。深圳地铁 2 号线弱电系统工程，在国内城市轨道交通中首次提出综合安防的运营管理模式、车场智能化的管理模式，以及首次提出“大 FAS”设计理念。

关键词：综合安防；车场智能化；“大 FAS”

1　概述

深圳地铁 2 号线（蛇口线）全线长约 35.78km，均为地下线；全线共设 29 个地下车站（其中换乘站 11 座）。深圳地铁 2 号线在蛇口设车辆段与综合维修基地一处，在竹子林设控制中心一座（与 1 号线、5 号线合设），在后海设停车场一座。深圳地铁 2 号线工程弱电系统包括通信、信号、综合监控、自动售检票、综合安防、乘客资讯及车场智能化等弱电系统。

深圳地铁 2 号线通信系统主要包括专用、公众及警用通信系统。专用通信包括传输、无线、公务电话（含站内、站间及轨旁电话）、调度电话、有线广播、时钟、集中告警等子系统。公众通信包括公众传输、无线引入及覆盖、公众不间断电源等子系统。警用通信包括警用图像监控、警用传输、警用无线、警用有线电话、警用计算机网络等子系统。深圳地铁 2 号线通信系统的任务是建立一个视听链路网，确保提供传输服务，给旅客提供信息，并且保证对车站及车上旅客进行高层次控制。

深圳地铁 2 号线综合安防系统由全线闭路电视监控、门禁、列车视频监控和乘客求助及告警系统组成，因此，本系统是集车站、车辆段及列车图像监控、门禁、乘客求助及紧急告警为一体的综合安全防范系统。该系统对内集中控制管理闭路电视监视、门禁和乘客求助及紧急告警系统，并负责这些系统间的联动控制；对外与综合监控系统等互联，实现与这些系统之间的联动。

深圳地铁 2 号线车辆段 / 停车场智能化系统包括了综合布线、智能化集成、车场资讯、BAS、综合安保（含闭路电视、防盗报警、门禁、周界报警等子系统）、背景音乐及紧急广播、多功能会议、UPS 不间断电源、运营资产维护管理（OA）、FAS、车场控制中心（DCC）大屏显示等多个子系统；并以智能化集成系统为核心，带动整个智能化系统中各相关子系统有效运行，满足深圳地铁车辆段 / 停车场系统设备集中招标和设置，运营、物业分类管理的使用要求。

深圳地铁 2 号线乘客资讯系统包括中心子系统、车站子系统、车

>>> 作者简介 <<<

周　挺（1984—　），男，中铁二院工程集团有限责任公司，工程师。

袁　钊（1985—　），男，中铁二院工程集团有限责任公司，工程师。

樊　伟（1976—　），男，中铁二院工程集团有限责任公司，工程师。

张贤逵（1980—　），男，中铁二院工程集团有限责任公司，高级工程师。

刘名元（1981—　），男，中铁二院工程集团有限责任公司，高级工程师。

李海博（1981—　），男，中铁二院工程集团有限责任公司，高级工程师。

载子系统、节目制作中心子系统（由 1 号线 PIS 系统提供）和有线传输网络、移动宽带传输网络、车辆段 PIS 综合试车线。在该系统设计中，积极采用新一代信息传播设备，提高文字、图形和多媒体节目的播放质量。实现业主对乘客提供导乘、高清晰视频广告服务的要求，创造了良好的社会和经济效益。

深圳地铁 2 号线信号系统包含正线信号和车辆段 / 停车场信号系统。正线信号系统采用功能完整的基于通信的列车自动控制系统，并设置点式 ATP 降级控制系统，车辆段 / 停车场采用国产计算机联锁和微机监测设备。信号系统设计结合本线骨干线路和运营需求，提出了切实、可行的系统方案。在工程中解决了多处技术难点，为建设先进的移动闭塞制式列车控制系统积累了宝贵的技术和工程经验。

深圳地铁 2 号线综合监控系统采用两级管理、三级控制方式构建，集成了火灾自动报警系统（含气体灭火控制部分、隧道感温光纤以及电气火灾预警系统三部分）、环境与设备监控系统、电力监控系统，互联了信号、自动售检票系统、安防、通信、屏蔽门等系统，为运营人员提供一个高度集成的自动化运营管理平台。

深圳地铁 2 号线采用计程计时票价制，实行全封闭式的票务管理方式，全线配备自动售检票系统（AFC），包含中央计算机系统、车站计算机系统、车站终端设备部分。深圳地铁 2 号线 AFC 系统设计按照国家相关技术标准及原则设计，做到系统功能设计完善，满足本线及换乘运营要求；在满足自动售票验票和数据上传统计等功能的前提下，实现对乘客的保护，紧急情况时满足疏散要求，最大限度地保护人的生命和财产安全。

2　工程设计特点

2.1 满足运营需求，创新设计理念

（1）在设计开始时，通过和深圳地铁公司运营及建设人员交流，对深圳地铁的运营管理模式有了进一步的了解。按照深圳地铁安全防范的职责分工，是将车站、车辆段运营视频监控、列车视频监控、全线门禁、车站乘客求助电话及紧急报警纳入一个管理体系。针对业主的运营需求，我院首次在国内城市轨道交通中提出综合安防的运营管理模式，设计了综合安防系统（即包含运营视频监控、列车视频监控、门禁、车站乘客求助电话及紧急报警、安防集成等系统），实现了建设单位“大安防”的联动运营理念和模式。根据 2 号线综合安防系统的实践，编写了深圳地铁集团有限公司企业标准《深圳市轨道交通运营安全防范系统配置规范》，为深圳和国内地铁综合安防系统的建设提供了借鉴。

（2）车辆段 / 停车场（简称车场，下同）是地铁线路的本线运营管理集中区域。国内车场的弱电系统几乎全部分散设置于地铁线路的各个子系统中，如：通信、信号、办公自动化、综合监控等系统。深圳地铁公司深感在车场的系统构成、设备招标及运营管理过程中过于分散，导致设备、维护费用和人力资源的浪费。通过与相关运营管理及建设人员反复探讨与求证，我院首次在国内城市轨道交通中提出车场智能化的管理模式，设计了国内第一个车场智能化系统，该系统包括了综合布线、智能化集成管理、车场资讯、BAS、综合安保（含闭路电视、防盗报警、门禁、周界报警等子系统）、背景音乐及紧急广播、多功能会议、UPS 不间断电源、运营资产维护管理（OA）、FAS、车场控制中心（DCC）大屏显示等多个子系统。并以智能化集成管理系统为核心，集成和互联车场智能化系统中各相关子系统的有效运行，满足了深圳地铁车场弱电系统设备集中招标和设置及运营、物业分类管理的使用要求，为深圳和国内地铁后续车场建设提供了借鉴。

（3）深圳地铁 2 号线全线长约 35.78km，均为地下线；全线共设 29 个地下车站（其中换乘站 11 座）。由于本线地下线路长，地下车站多，因此，火灾探测和报警并联动相关设备就非常重要。地铁内涉及火灾探测的子系统主要有火灾自动报警系统、气体灭火系统、电气火灾预警系统以及隧道感温光纤探测系

统等。通过设计和对运营单位反复调研，我院在国内首次提出“大 FAS”设计理念，即以火灾自动报警系统为基础，集成气体灭火系统探测报警部分，并与隧道感温光纤及电气火灾预警系统进行有机结合，组成一个“大”的地铁防灾报警系统。相对传统的独立系统，基于“大 FAS”理念构建的地铁防灾报警系统具有以下主要优点：①系统整合程度高：车站防灾报警主机除显示火灾自动报警系统信息外，还可对气体灭火保护区域、区间隧道区域以及重要的配电柜等处的状态信息和报警信息进行显示和控制；②探测范围全面：车站建筑、重要设备房间、区间隧道以及重要电气设备、配电柜等均可进行探测、保护和报警；③简化系统接口，提高系统响应性：通过火灾自动报警系统与气体灭火系统的整合，减少了以往需设在每个气体灭火保护区的接口，并提高了气体保护区域火灾报警信息处理的实时响应能力；④节约系统投资：通过上述整合，可有效避免重复投资，使整套系统性价比更高。

基于“大 FAS”理念构建的地铁防灾报警系统已在国内其他地铁得到了应用。

（4）深圳轨道交通一期工程建设时并未同步建设地铁警用安全防范体系。为缓解日益增长的公共交通压力，深圳市大力建设城市轨道交通。而轨道交通具有全限性、连带性、局限性、群体性的特点，这导致轨道交通成为社会公共安全危险与风险的高发区域。针对地铁公安的管理需求，通过反复调研，结合深圳地铁 2 号线警用通信系统设计和实践，确定了以下标准：深圳地铁 2 号线公安通信子系统配置与要求（含视频监控、有线通信、无线通信、计算机网络、地铁反恐应急指挥信息等系统）；安全保障子系统配置与要求（含放射性物品探测、毒气探测、易燃易爆化学药品探测、枪支弹药探测、炸药探测以及防爆器材）；警务资源子系统配置与要求（含公安派出所、分控中心、警务室）。根据深圳地铁 2 号线警用通信系统的实施，我院编写的深圳市标准《深圳市城市轨道交通警用安全防范系统配置规范》SZDB Z 11—2008，已于 2008 年 7 月 1 日正式执行，为深圳和国内地铁警用安全防范系统的建设提供了标准和借鉴。

（5）通过总结这些年来的经验和教训，我院采用与传统地铁工程不同的实施方式，在国内首次提出综合监控系统深度集成 MCC 系统（智能低压），由综合监控系统与 MCC 系统统一招标的设计理念。传统地铁一般采用 MCC 系统、综合监控系统各自独立设计和招标的实施方式，但是综合监控系统和 MCC 系统间接口关系紧密且复杂，分开独立设计和招标难以保证系统构成的最优化，且不利于节约投资。而采用统一设计和招标的方式，完全避免了上述问题，综合监控与 MCC 系统的接口转化为内部接口，不但减少了大量的设计、协调工作，同时优化了系统构成。减少不必要的中间环节，提高系统性能，便于系统的编程、调试、移植以及后期的运营维护管理，更能够节约系统投资。

2.2 根据本线特点，实现资源共享

（1）深圳地铁 2 号线全线共设 29 个地下车站，其中换乘站有 11 座，涉及 3 个地铁公司参与管理（深圳地铁集团有限公司、深圳市三号线投资有限公司、港铁轨道交通（深圳）有限公司）。在换乘站，车控室是设一个还是两个、各线如何管理、各线设备用房如何设置、各线弱电子系统如何构成、招标、供货、连接等，这些都涉及总的系统构成和建设费用，是急需解决的问题。根据本线特点，在初步设计阶段就编写专门篇章确定换乘站设计原则，分析了换乘站按照建设时序、运营主体的不同进行分类，换乘站按照换乘方式的不同进行分类，进而提出了换乘站运营管理、设备房设置、设备构成、接口界面及连接原则，明确提出在换乘站应由一家运营单位为主进行统一管理、其他线配合接入的设计理念。前述原则和设计理念经与 3 个地铁公司讨论形成共同意见，并以深圳地铁集团有限公司深地铁 2008〔328〕号文形式发给有关单位执行。确保了本线和整个深圳轨道交通二期工程顺利地进行，在换乘站的统一管理、系统构成、接口界面划分、设备采购、设备房设置、系统的互联等方面实现了最大限度的资源共享，还为深圳轨道交通三期工程建设奠定了良好的基础。

（2）由于本线控制中心与深圳地铁 1 号、5 号线合设，根据这一线路特点，本线通信系统专用无线、公务电话、时钟子系统共享既有 1 号线相关中心设备，实现资源共享和互联互通。同时根据目前深圳地铁 1 号、2 号、3 号、4 号、5 号线均采用同一家专用无线系统的条件，规划设计了深圳轨道交通 1 号、2 号、3 号、4 号、5 号线及以后各线无线中心交换机互联的建设方案。专用无线系统资源共享结构如图 1 所示：

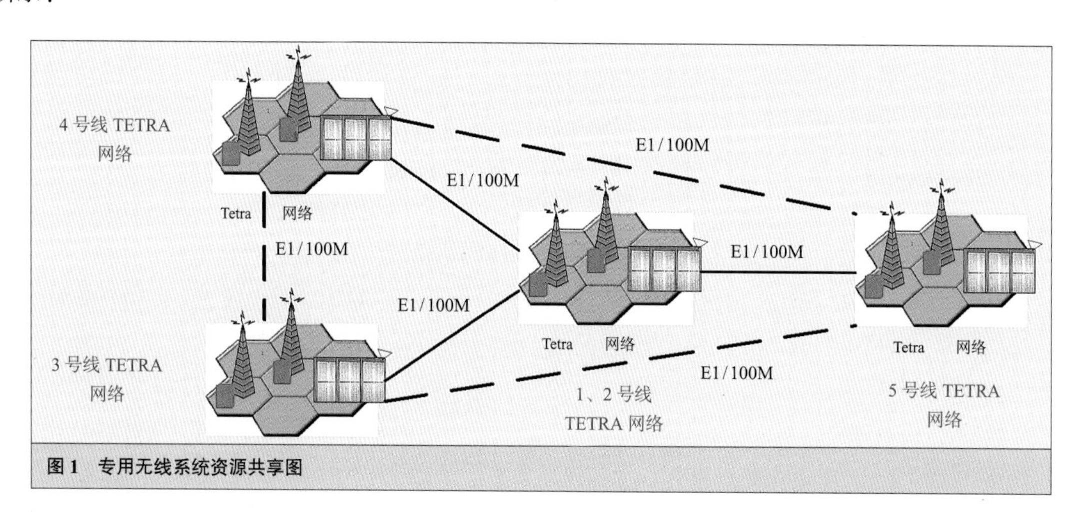

图 1 专用无线系统资源共享图

（3）由于本线弱电系统由我院统一设计，为降低运维费用、节省设备用房面积（每个车站可节省 $20m^2$ 左右）、提高节能环保水平、实现资源共享。经与地铁公司协商，我院在深圳地铁 2 号线采用弱电综合 UPS 电源系统，在车站、车辆段 / 停车场及控制中心统一为通信、综合监控、自动售检票、综合安防、乘客咨询等系统设备提供后备电源。

2.3 认真总结经验，提高设计水平

在本线设计时，设计人员并不是简单地重复过去经历，而是认真总结经验，通过提高设计水平来更好地满足用户运营需求。

深圳市无论地上还是地下空间都非常紧张，深圳地铁 2 号线站厅区域狭窄，无充分空间布置自动售票机。通过与建筑专业专家反复协商，在深圳地铁 2 号线设备区设置售票机房，将自动售票机嵌入设置于设备区域内，较好地解决了自动售票机位置布置不足的问题。

在 AFC 系统设备设计中，成功将自动验票机与自动充值机功能合并，新设备为自动充值验票机，该设备兼并查询与充值两项功能。自动充值验票机在系统功能上满足要求，合二为一后能更全面地为乘客提供服务，无须为更换业务而更换设备，同时也提高了设备的使用率，并且节约了车站建筑空间。

在保证使用功能的前提下，自动检票机也减小自身尺寸，能在同等宽度的通道中多设置一个进出站检票通道，实现有限的空间内再增加乘客流量的设计理念。

2.4 提高系统国产化率，节约工程投资

在设计深圳地铁 2 号线弱电系统过程中，设备选用上贯彻安全、可靠、先进、实用的原则，各子系统设备国产化率都比较高。系统软件平台是整个软件体系的核心，对于各个行业的应用软件包开发、行业应用的构建，都基于系统软件平台。早期国内地铁线路综合监控系统被欧美等少数几家国外综合监控系统软件所垄断，核心技术被国外厂商控制，系统改造、维护不便，价格昂贵且不适应国内地铁运营特点，也使国内集成商和地铁建设、运营单位受制于人。在深圳地铁 2 号线建设中，通过对多条线综合

监控系统运用的调研，掌握了系统软件的现状和发展。在工程实施时，首次在国内采用了全国产软件的综合监控系统，该系统软件由北京和利时公司自主研发，是拥有自主知识产权的 MACS-SCADA 3.0 大型系统软件平台。通过基于国产软件平台的综合监控系统成功投入运营，打破了国外系统软件的技术垄断，大大降低了综合监控系统的建设和维护成本（国外系统软件平台费用约 3000 万元，国产系统软件平台费用约 1000 万元），提高了综合监控系统的国产化水平，为后续线路综合监控系统的国产化提供了宝贵的技术支持和工程经验，具有重大的社会和经济效益。

2.5 系统设计接口方案

本线弱电系统自身以及与大多数其他机电系统都存在接口关系，处理好这些接口关系是充分发挥深圳地铁 2 号线弱电系统整体功能、降低造价、提高效益的重要保证。因此，为了确保接口设计的完整性、合理性，在工程实施的各个设计阶段，我院都编制了不同深度的接口实施细则表，明确弱电与相关专业接口关系，主要包括接口界面（含分工与责任）、功能要求、实施阶段以及接口配合方式等内容，保证了工程的顺利进行。

2.6 工期紧，任务重

深圳地铁 2 号线存在工期紧、任务重的特点，尤其是土建、轨道等工程的滞后，给后期通信、信号、AFC 等系统调试带来很大的困难。信号系统由于承包商自身原因，在已签订合同，完成两次设计联络的情况下被终止合同。地铁公司组织了第二次招标，系统设备供应商由 CSEE 变更为 ALSTOM。由于所有的招标流程、合同谈判、设计联络等流程均需重新进行，导致设计时间非常紧张。为了确保系统的正常开通，我院和承包商进行了多次设计联络，充分利用设计联络会议期间，与承包商就系统设计方案进行沟通；边设计联络，边进行施工图设计，保证了施工图的按时交付。并积极创造一切有利时机，支持承包商、施工单位现场施工及调试。在各方的共同努力下，深圳地铁 2 号线按时一次性开通 CBTC 运营，其他系统也实现了同步开通使用。

3 工程设计难点

3.1 信号系统新技术的选择和实施

近年来新线建设时，一般都采用 CBTC 列控系统。在我院设计和已开通的地铁信号系统中，尚没有采用裂缝波导管等其他技术作为车地传输媒介的工程案例。本线设计时，针对过去用无线 AP 进行区间场强覆盖、车地通信稳定性较差、较易受干扰的情况，对无线 AP、漏缆、裂缝波导管技术开展了全面研究。结合本线换乘站多、干扰源多，PIS 采用无线 AP 并使用 2.4G（IEEE.802.11g）进行场强覆盖的特点，如何保证信号系统场强覆盖信号在区间范围内稳定、强大，减少相互干扰是一个设计难点。

3.2 综合安防系统功能、系统构成的确定

由于深圳地铁安全防范的职责分工，是将车站、车辆段运营视频监控、列车视频监控、全线门禁、车站乘客求助电话及紧急报警纳入一个管理体系。如何在系统设计中将建设单位发散的运营需求思路，转化为集中具体的系统功能和系统构成；确定地铁 OCC、车辆段 / 停车场 DCC、车站控制室、地铁公交分局 OCC 之间的管理模式、控制模式、操作模式、公安模式；确定全线车站、车辆段 / 停车场、运行列车的监控对象和联动方式，是关系本系统能否成功的设计关键。

3.3 车场智能化系统功能、系统构成的确定

在本线车场智能化系统设计中，如何将原分散在通信、信号、办公自动化、综合监控等系统中的有关功能和系统进行整合，构成一个全新的平台系统，实现深圳地铁公司关于车场弱电系统设备集中招标和设置，运营、物业分类管理使用的要求；确定车场DCC运营人员、消防控制中心物业人员之间的管理模式、控制模式、操作模式；确定车场智能化集成管理系统集成和互联子系统的范围和联动方式，是关系本系统能否成功的设计关键。

3.4 综合监控系统软件平台的选择

由于国内综合监控系统软件平台一直由国外软件所垄断，不但价格昂贵，而且对国内地铁工程特点适应性较差，国内集成商没有自主知识产权，受制于人，功能调整困难。因此，本线综合监控系统设计时，如何在确保综合监控系统软件平台达到平台技术先进、功能调整灵活、系统实施顺利、节约系统投资的最终目标前提下，选择适合深圳地铁2号线综合监控系统的软件平台，并保证系统运营稳定、维护方便是本系统的一个设计难点。

3.5 “大FAS”运营理念的实施

国内地铁FAS系统、隧道感温光纤系统、气体灭火系统、电气火灾预警系统基本是按分立系统实施，且大都分属于不同的设计专业，因此在本工程设计中，如何将上述各系统进行有机整合，并得到相关专业的认可，同时与相关专业重新进行接口划分，保证各系统功能的完整性、可靠性，将“大FAS”运营理念真正地贯彻实施，是一个设计难点。

3.6 综合监控系统集成MCC的方案确定

本线综合监控系统集成MCC系统，与MCC系统统一招标，如何确定系统集成方案及实施方式，并对集成后的方案进行优化，确定BAS与MCC整合的系统架构，减少系统接口及不必要的中间传输环节，做到专业间的无缝配合，实现系统设计功能，使集成方案真正达到预期设计效果且节约系统投资，为运营管理以及后期维护提供强有力的支持，是一个设计难点。

3.7 换乘站运营管理及弱电系统设置

深圳地铁2号线全线共设29个地下车站，其中换乘站有11座，涉及3个地铁公司参与管理。在换乘站，车控室是设一个还是两个、各线如何管理、各线设备用房如何设置、各线通信、综合监控、自动售检票、综合安防系统车站和区间设备如何构成、接口界面如何划分、设备如何连接等，这些都涉及总的系统构成和建设费用，是本线设计的难点问题。

4 关键技术

（1）基于无线通信的移动闭塞制式列车自动控制系统，其稳定运行的基础就是利用通信技术实现“车地通信”并实时地传递“列车定位”信息。通过车载、轨旁通信设备实现列车与车站或控制中心之间的信息交换，完成速度控制。通过对基于无线电台、漏泄电缆、裂缝波导管无线传输技术的分析，确定本线采用裂缝波导管系统作为车地双向传输媒介。使用裂缝波导管技术，由于其沿线敷设，无线场强覆盖均匀，基本不产生多普勒频移，系统误码率低；波导管无线场强覆盖范围小，减少了地铁运行环境中的电磁干扰，对地铁其他弱电系统影响较小，提高了整个地铁弱电系统的可靠性；波导管接入点覆盖

范围为 1200 ～ 1600m，在工程实施过程中，可节省大量光、电缆。

本工程是我院首次采用裂缝波导管作为传输媒介的工程。为保证工程的顺利进行，我们深入研究了波导管这一车地通信传输技术的优缺点，针对地下车站容易存在波导管积水，从而影响车地传输效果这一问题，与承包商深入讨论，提出卓有成效的应对措施，并取得了良好的现场应用效果。考虑道岔区域无线场强覆盖对车地通信的连续性有较大影响，针对不同的线路方案，提出有针对性波导管交叉布置方案，提高场强覆盖效果，为我院后续信号系统设计积累了新的经验和借鉴（图 2）。

图 2　波导管

（2）综合安防系统的安防集成平台为核心管理软件，服务器和工作站为平台硬件，构成安防集成系统。安防集成系统对内集中控制管理车站、车辆段、列车视频监视、门禁和紧急告警系统，并负责这些系统间的联动控制；对外与综合监控系统（包括 BAS、FAS）、公务电话系统等互联，完成系统间的信息共享和功能联动；成为本次设计能否成功的关键技术。

（3）系统软件平台是综合监控系统的核心，它是运行在系统硬件设备（服务器、工作站等）上的支撑软件系统，主要包括数据库管理、网络管理、人机界面管理以及控制、告警、事件以及报表等子系统或功能模块，系统软件平台完成综合监控系统中的数据采集、传递、处理以及存储和显示等功能，是本次设计能否成功的关键技术。综合监控系统的软件平台可以选择进口或国产软件平台，国外平台有成熟的应用业绩，稳定性好，但价格昂贵，灵活性差，同时后续的维护与升级也存在较大问题；国内平台起步较晚，应用业绩较少，因此系统稳定性需要进一步验证，但其具有价格较低、功能修改灵活、个性化开发方便等特点，而且国内软件平台的后期维护和升级有着国外平台无法比拟的优势。

结合深圳地铁 2 号线工程的功能要求，本线综合监控系统工期紧，不确定因素多，功能全，深度集成了 MCC 系统，以及深圳地铁通过前期建设与运营，积累了一定的建设和运营经验，有信心控制国产软件平台带来的风险，因此在招标时允许国产、进口两种平台进行竞争，并通过招标最终确定了采用国产软件平台来实施本线综合监控系统。

（4）车场智能化系统包括了综合布线、智能化集成管理、车场资讯、BAS、综合安保（含闭路电视、防盗报警、门禁、周界报警等子系统）、背景音乐及紧急广播、多功能会议、UPS 不间断电源、运营资产维护管理（OA）、FAS、车场控制中心（DCC）大屏显示等多个子系统。智能化集成管理系统集成综合安保、BAS、车场资讯等系统，并与火灾报警等其他子系统互联，智能化集成管理系统可方便地实现子系统之间的联动，使之能够协同动作，提高效率，便于管理（图 3）。

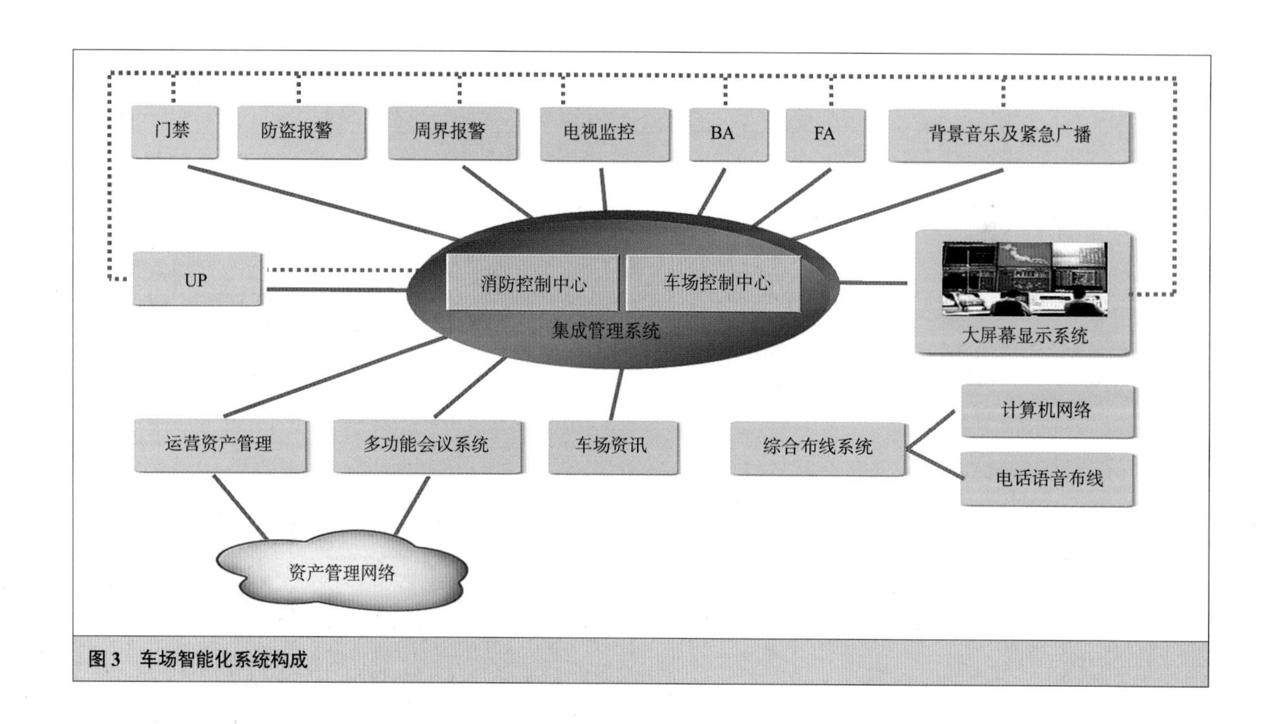

图 3 车场智能化系统构成

5 小结

深圳地铁 2 号线弱电系统工程从 2006 年开始初步设计、设备招标、施工图设计及施工。在整个工程建设中，我院能始终以满足运营需求为主导思想，与业主密切配合，对系统设计方案及系统功能进行了多次优化设计。经过开通以来的行车运营实践及各方反馈，深圳地铁 2 号线弱电系统工程设计是优良的，技术是先进的，可满足深圳地铁 2 号线工程的功能及运营需求。

第十四届中国土木工程詹天佑奖获奖工程

鄂尔多斯市体育中心

工程概况

鄂尔多斯市体育中心总建筑面积 259000m^2，由体育场、体育馆和游泳馆组成，共有 76000 个观众座席。建设标准为大型甲级体育建筑群，可举办全国性综合运动会和国际单项体育赛事，为 2015 年第十届全国少数民族运动会的主会场。地下二层，地上五层。“一场两馆”在设计风格、造型韵律上遥相呼应，协调统一。体育场、体育馆犹如金色的马鞍，游泳馆形似优美的海螺。

建筑基础有旋挖钻孔灌注桩和 CFG 桩。主体为型钢混凝土结构（局部框剪结构），采用高耸且富有韵律感的巨型斜柱将建筑围合并承托起外围护体系，其中巨型倾斜核心筒柱最高点 78.43m。屋盖为大跨钢桁架体系和悬挑钢桁架体系，体育馆、游泳馆屋盖分别为 156.8m、128m 大跨空间钢桁架结构，体育场屋盖为 65m 超长悬挑钢桁架，幕墙为蜂窝铝板幕墙，屋面采用直立锁边铝镁锰合金。

工程于 2012 年 3 月 1 日开工，2014 年 9 月 19 日竣工并交付使用。

工程特点与难点

1. 工程定位及测量难

本工程占地面积大、造型复杂，主体结构由四条不同圆心不同弧度的曲线构成，涉及土建施工、大型钢结构安装等，所以，测量控制工作显得尤为重要（图 1）。

2. 倾斜钢骨柱定位、安装困难

本工程主要受力构件是与地面成 75° 夹角的斜筒体，每个斜筒体含 4 个倾斜的钢骨柱，因此，倾斜的钢骨柱的定位、安装直接影响了斜筒体的施工质量和精度，更直接影响了整个工程的质量和工期（图 2）。

3. 斜筒体支撑体系和混凝土浇筑难

本工程图纸明确要求，混凝土倾斜筒体的支撑体系在屋顶钢结构卸荷前严禁拆除，同时，该架体承受水平及竖向双向荷载，因此，模板的支撑体系是本工程的一个特点，同时，该项目采用劲钢混凝土结构，钢筋数量多，直径大，且钢筋与钢骨柱的间距过小，混凝土斜筒体截面较小，尤其是梁柱节点部位，涉及钢骨柱、钢骨梁以及钢筋暗柱，各种因素结合造成混凝土浇筑困难（图 3）。

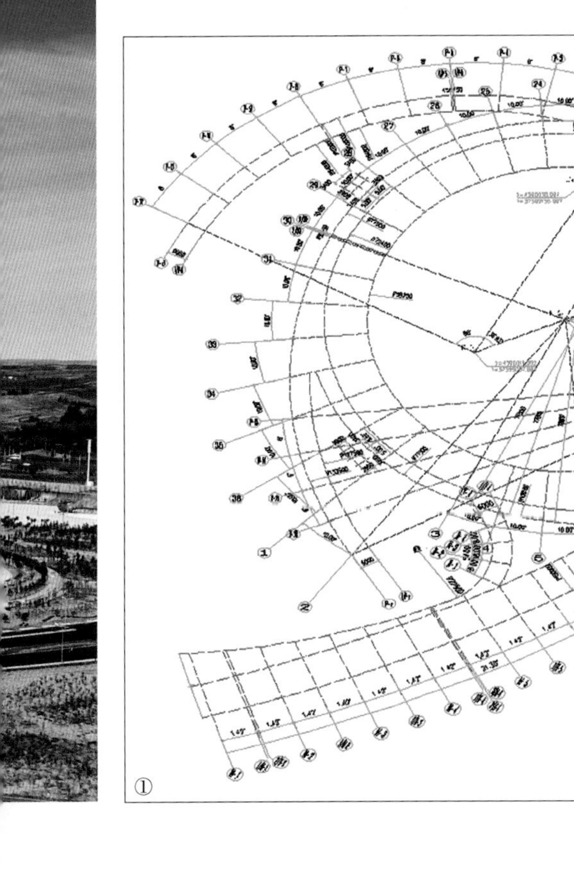

① 工程定位及测量难
② 倾斜钢骨柱
③ 斜筒体钢筋密集
④ 钢结构屋盖跨度大
⑤ 蜂窝铝板幕墙
⑥ 铝镁锰复合金属屋面

4. 钢结构制作、安装难度大

体育馆屋盖为 156.8m 的大跨空间钢桁架结构，游泳馆屋盖为 128m 的大跨空间钢桁架结构，体育场屋盖为 65m 超长悬挑钢桁架，单榀主桁架吊装最重达 168t、最高达 80m。钢结构制作、安装、卸载难度大（图 4）。

5. 金属屋面面积大，幕墙采用新型蜂窝铝板

本工程采用铝镁锰复合金属屋面，面板均为扇形分布，整个屋面板平面从内到外共分 8 圈，立面构造多达 13 层，面积大，工艺复杂。幕墙采用新颖的 U 形蜂窝铝板装饰条，不仅确保了安装质量及其造型新颖的外观效果，还有效解决了传统金属幕墙的质量通病（图 5、图 6）。

主要科技创新

（1）鄂尔多斯体育中心简洁有力、气势恢宏，是在本土设计理念指导下，为鄂尔多斯量身打造的，充分体现民族性、地域性、现代性的原创作品。

（2）在鄂尔多斯市体育中心首次采用外倾 15° 巨型混凝土薄壁柱 + 大跨度空间管桁架屋盖结构体系。通过结构来充分体现建筑语言所要表达的高大、粗犷、豪放的内涵。巨柱不仅是支撑看台、屋面的结构构件，内部还整合了楼梯间、管道井，实现建筑、结构、机电高度统一。

（3）巨柱采用格栅状金色铝板幕墙，采用不同色彩、光泽、纹理的 9 种金色，表达肌理感的同时自重轻、耐久性好。在严寒地区给人以温暖感，其耐脏性是对当地风沙气候的回应，同时可映射周围环境，使建筑阳刚中不失生动。

（4）大跨度超限结构（支撑跨度 127m × 156m、悬挑跨度近 70m）的应用，充分满足体育建筑空间的功能要求。

鄂尔多斯市体育中心主要科技创新及新技术应用

程晓利　赵　帅

河北建设集团有限公司
河北　100088

摘要：鄂尔多斯市体育中心工程整体设计简洁，造型新颖独特。从多个方面展现了蒙古民族的神韵和性情。结构设计首次采用外倾15°巨型混凝土薄壁核心筒柱＋大跨度空间管桁架屋盖结构体系，特别是结合鄂尔多斯市体育中心工程的实际情况和地域特点，从“大跨度钢结构动态成形及多形态风致动力特性”等八个方面进行了技术创新研究及应用。

关键词：鄂尔多斯市体育中心；巨型外倾薄壁柱；大跨钢桁架体系；悬挑钢桁架体系；蜂窝铝板幕墙

1　概述

鄂尔多斯市体育中心总建筑面积259000m^2，由体育场、体育馆和游泳馆组成，共有76000个观众座席。工程整体设计简洁，造型新颖独特，从多个方面展现了蒙古民族的神韵和性情。结构设计首次采用外倾15°巨型混凝土薄壁核心筒柱＋大跨度空间管桁架屋盖结构体系，该设计荣获内蒙古自治区优秀设计奖。工程推广应用的建筑业十项新技术中的36小项，特别是结合鄂尔多斯市体育中心工程的实际情况和地域特点，从“大跨度钢结构动态成形及多形态风致动力特性”等八个方面进行了技术创新研究及应用。

2　主要科技创新

2.1　降低大型公共建筑空调系统能耗的关键技术研究与示范

针对大型公共建筑空调系统运营能耗严重的问题，采用变频技术、热回收技术、自动控制技术、置换通风技术，对空调系统节能优化技术、空调水系统节能技术、温湿度独立控制系统等方面进行研究，解决了大型公共建筑空调系统运营能耗严重的问题，实现了绿色建筑全生命周期节能减排。为运营节能、减少碳排放、打造绿色建筑做出贡献。通过技术创新引领绿色施工，实现绿色建造的设计施工一体化，最大限度地实现四节一环保，充分发挥绿色建筑及绿色施工示范工程在建筑节能减排中的示范引领作用（图1）。

通过本课题的研究与应用，《降低大型公共建筑空调系统能耗的关键技术研究与示范》获得华夏建设科学技术一等奖。

2.2　大跨度钢结构动态成形及多形态风致动力特性研究与应用

钢结构材料导热性良好，且当地日照丰富，温度作用较为明显，太阳辐射对结构的温度场和温度效应会产生较大影响。课题组基于晴空辐射模型，采用瞬态热分析理论，揭示了大跨度结构在非均匀

>>> 作者简介 <<<

程晓利（1982—　），男，工程师，河北建设集团有限公司项目经理。

赵　帅（1988—　），男，工程师，河北建设集团有限公司项目总工。

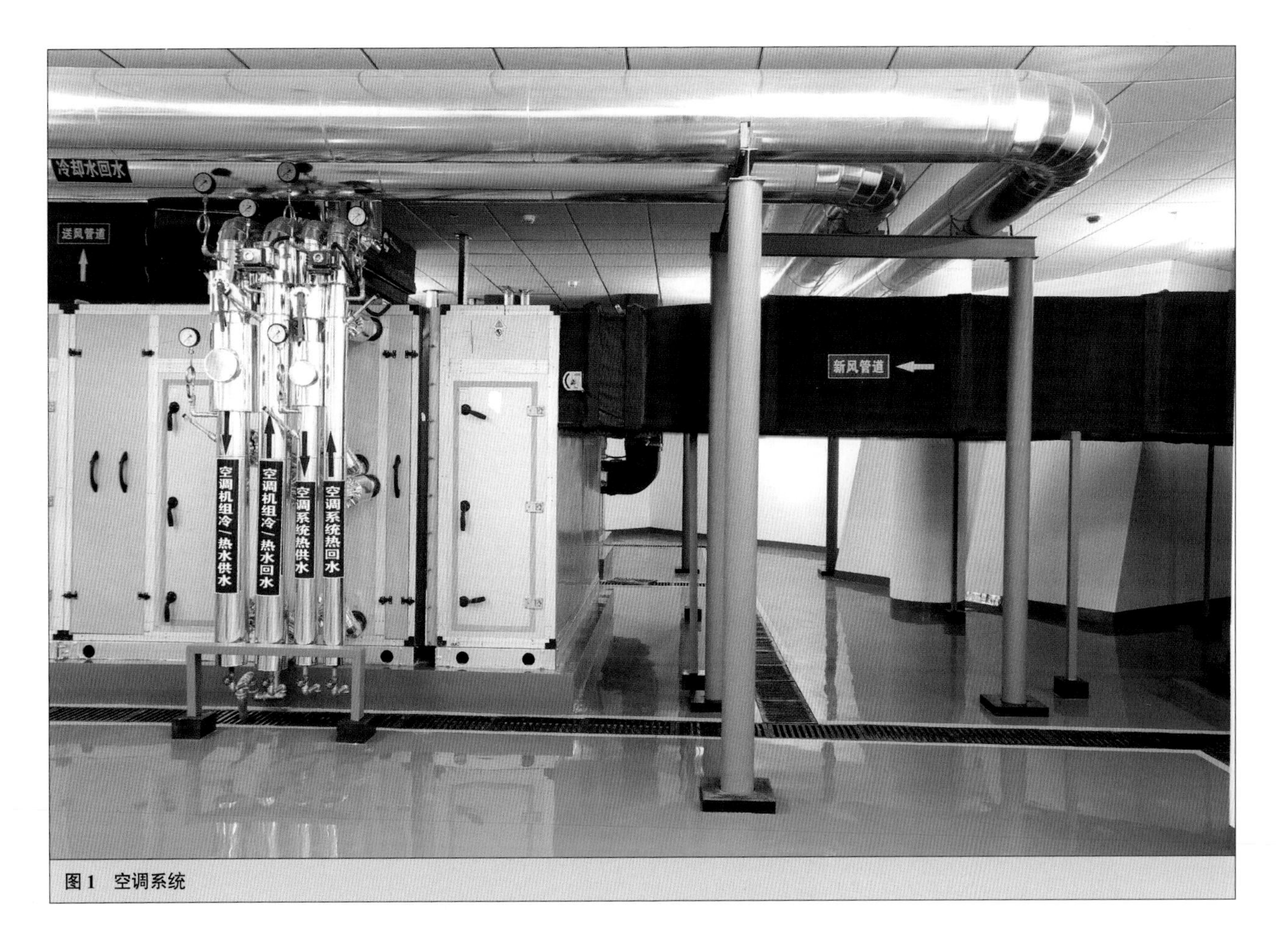

图1 空调系统

时变温度作用下结构响应规律及温度作用与其他荷载联合作用下的结构响应规律，提出了一种主动合拢施工技术，保证了结构施工和使用安全（图2）。

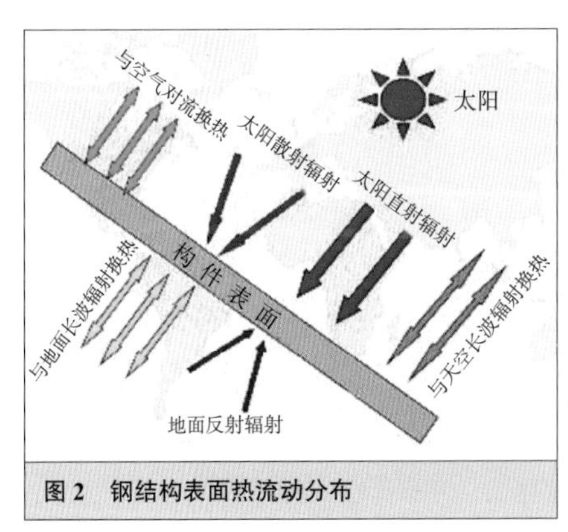

图2 钢结构表面热流动分布

当地风荷载大且持续时间长，有时起控制作用，对结构安全影响较大，针对球面大跨度空间钢结构，通过刚性模型风洞测压试验等方法，揭示了结构的高跨比、风场类型、来流风速等多种参数对结构表面各区域风荷载分布的影响规律，得到了各种形态的大跨度钢结构的体型系数和风振系数，并在工程中得以应用（图3）。

通过本课题的研究与应用，《大跨度钢结构动态成形及多形态风致动力特性研究与应用》获得河北省人民政府科技进步二等奖及河北省建设行业科技进步一等奖。

2.3 外倾巨柱支撑钢屋盖结构方案研究与示范

结构设计首次采用外倾15°巨型混凝土薄壁柱支撑大跨度空间管桁架结构体系。屋盖主桁架外端与外倾巨柱刚性连接，作为本工程最关键的结构节点。支座刚性连接，减少了外倾巨柱向外的倾覆力矩，使屋盖有效地将离散的外倾巨柱连成整体，增强结构的整体性。径向主桁架与外倾巨柱相互支撑、约束，共同承担竖向荷载，抵抗水平荷

（a）A类风场
（b）B类风场
（c）均匀流场
（d）均匀紊流场
图3 刚性模型风洞测压试验

载。巨型薄壁柱不仅是支撑构件，内部还整合了楼梯间、管道井，实现建筑、结构、机电高度统一（图4）。

体育中心设计获得内蒙古自治区优秀设计奖。

图4 薄壁柱支撑大跨度空间管桁架结构

2.4 大跨度钢结构防火防腐关键技术与工程应用

钢结构耐火能力差、易锈蚀，防火防腐是必须解决的重要问题。大跨度钢结构防火防腐的特殊技术问题主要有三个方面：①传统钢结构防火设计方法不考虑结构受力、火灾场景的影响，将造成大跨度钢结构防火设计不安全或防火涂料浪费；②大跨度钢结构裸露在大气环境中且维护难度大，防火防腐涂层应同时具有良好的耐候长效性、环保性、装饰性；③防火防腐涂层裸露易受自然环境侵蚀、老化导致性能劣化，迫切需要现场快速检测评定其性能的技术和设备。

由上海宝冶集团有限公司等单位对上述三个关键技术问题展开产学研联合攻关，首次建立了国内基于耐火承载力极限状态的大跨度钢结构防火安全评估与性能化设计理论，提出了实用设计方法，解决了传统设计方法在安全、经济方面存在的问题。发明了高耐候性超薄型防火防腐涂料、环保性薄型防火涂料、强屏蔽长效防腐涂料，研发了配套底漆和装饰性面漆，开发出适用于大气腐蚀环境的大跨度钢结构防火防腐装饰一体化涂装体系，实现了防火防腐涂层的耐候长效性、环保性、装饰性。该项目在国际上率先提出了膨胀型防火涂料性能定量评定方法，开发了现场快速评定方法及便携式热机械膨胀仪；发明

图 5　大跨度钢结构防火防腐

了涂层防腐性能快速评定方法及便携式快速测试仪；解决了大跨度钢结构防火防腐涂层质量检测与服役性能现场快速评定的问题。

实现了防火防腐涂层的高耐候性、安全性，形成了大跨度钢结构防火防腐设计、材料与施工、检测等创新技术。该成果可广泛应用于会展中心、体育中心、航站楼、高铁车站等公共建筑以及工业建筑、桥梁（图 5）。

通过本课题的研究与应用，《大跨度钢结构防火防腐关键技术与工程应用》获得国家科学技术进步二等奖；《钢结构桁架涂装胎架》获授权实用新型专利；参编《钢结构防腐蚀涂装技术规程》CECS 303：2013。

2.5 新型铝合金母子扣挂件关键技术研发与应用

267000m^2 幕墙采用倾斜蜂窝铝板，针对传统金属幕墙采用机械连接易发生变形现象组织技术攻关，创新了铝合金母子扣挂件连接节点。"浮动式"的咬合连接，使铝板与龙骨间有微量的"伸缩滑移"，可适应当地温差大及风压大等环境，避免板材表面出现凹凸现象，既保证了外墙挂板的安全，又提高了外饰效果，解决了机械连接易产生变形等质量通病，保证了幕墙结构的耐久性和安全性（图 6）。

图 6　新型铝合金母子扣挂件

通过本课题的研究与应用，《蜂窝铝板幕墙安装铝合金母子扣挂件施工工法》获得国家级工法；《一种铝板安装件》获授权实用新型专利。

2.6 基于BIM技术项目全过程三维协同动态可视化信息管理系统应用研究

致力于研究和推广BIM技术，采用BIM模型进行碰撞检测，为优化管线综合布置提供依据；利用BIM模型对异形空间结构进行机器人放样；利用3D扫描对大跨度异形空间结构进行辅助安装施工，保证后续工序安全高效进行；钢桁架12根多管相贯深化设计保证现场拼装精度，减少返工及材料浪费；提出BIM可视化应用，将BIM与施工进度计划相链接，实现空间信息与时间信息的整合，形成三维协同动态可视化信息管理，进一步推动BIM技术与质量、进度、成本、物资、文档管理等方面的深层结合应用（图7）。

通过本课题的研究与应用，《工程项目综合管理平台与协同办公管理系统》获得华夏建设科学技术三等奖；《基于BIM技术的项目全过程三维协同动态可视信息管理系统应用研究》获得河北省建设行业科技进步二等奖和中国工程建设BIM大赛三等奖。

2.7 巨型外倾薄壁柱综合施工技术研究与应用

巨型外倾薄壁柱结构，与地面成75°夹角向外倾斜，其中体育场巨型斜柱最高点78.43m，横截面11.7m×6.3m，外倾覆力矩大，无施工先例。通过施工全过程三维仿真模拟，进行技术攻关。在施工中攻克了异形结构测量控制难、倾斜钢骨柱安装难、结构节点复杂等难题。通过预加预应力控制了倾斜结

图7 BIM技术

图 8 倾斜核心筒

构倾覆变形；对倾斜结构的爬模体系进行了创新；研发了倾斜结构外装修吊篮轨道装置，斜筒施工达到了预期效果（图 8）。

通过本课题的研究与应用，《体育场倾斜核心筒爬模施工工法》获得辽宁省省级工法；《倾斜核心筒幕墙装修吊篮轨道装置》获授权实用新型专利。

2.8 大跨度、超长悬臂结构的稳定性和极限承载研究与应用

体育馆屋盖为 156.8m 的大跨空间钢桁架结构，游泳馆屋盖为 128m 的大跨空间钢桁架结构，体育场屋盖为 65m 超长悬挑钢桁架，单榀主桁架吊装最重达 168t、最高达 80m。针对大跨度钢结构和超长悬挑钢桁架，采用有限元法分析，得出结构模型的最优参数，为深化设计提供了理论依据。得出稳定性和极限承载在几何非线性和线性两种不同情况下的影响规律。钢结构方案通过专家论证，创新了支撑体系。用预拱的方法解决体育馆 156.8m 大跨空间钢桁架和体育场 65m 超长悬臂钢桁架超限结构变形大的问题；合理确定合拢温度和位置，最大限度地减小温度应力和变形。采用分级循环、微量等距下降的卸载技术，采用健康监测，实现平稳卸载，保证了超限结构的施工和使用安全（图 9、图 10）。

通过本课题的研究与应用，《悬挑桁架临时支撑和主桁架结合部装置》获授权实用新型专利；《屋面超大悬臂管桁架卸载施工工法》获得辽宁省级工法；《大跨度钢桁架支撑胎架卸载施工工法》获得河北省级工法；参编《建筑施工临时支撑结构技术规程》JGJ 300—2013。

图 9　大跨空间钢桁架结构

图 10　超长悬挑钢桁架

3 新技术应用与效果

3.1 地基基础和地下空间工程技术

3.1.1 灌注桩后注浆技术

本工程根据地勘报告，采用钻孔灌注桩后注浆技术，后注浆技术能加固桩底沉渣（虚土）和桩身泥皮，对桩底和桩侧一定范围的土体通过渗入（粗颗粒土）、劈裂（细粒土）和压密（非饱和松散土）注浆起到加固作用，从而增大桩侧阻力和桩端阻力，提高单桩承载力，减少桩基沉降。

此技术可使单桩承载力提高 40% ～ 120%，桩基沉降量减小 30% 左右，施工简便，经济合理，极大地降低了工程成本。

3.1.2 水泥粉煤灰碎石桩（CFG 桩）复合地基技术

本工程地基处理采用 CFG 桩复合地基加固技术，设计采用长螺旋成孔，管内压灌 CFG 混合料成桩工艺。

具有承载力提高幅度大、地基变形小、适用范围广等特点。

3.2 混凝土技术

3.2.1 自密实混凝土技术

本工程主要构件均为劲型钢骨柱 + 钢筋混凝土结构，浇筑深度、高度大，配筋密实、结构复杂，为了保证结构质量，主要构件采用自密实混凝土进行浇筑。

主体混凝土结构内实外光，无影响主体结构安全的裂缝，梁、板、柱截面尺寸准确。

3.2.2 轻骨料混凝土技术

本工程从轻骨料（陶粒）性能、制备技术、泵送技术上控制，达到保温、耐热、节约材料用量的效果，创造了不错的经济效益。

轻骨料混凝土运用于本工程，减轻了结构自重，提高热工效果，节约材料用量，而且还有保温、耐热的效果，节约了能源。

3.2.3 纤维混凝土技术

钢纤维的掺入能显著提高混凝土的抗拉强度、抗弯强度、抗疲劳特性及耐久性；合成纤维的掺入可提高混凝土的韧性，减少混凝土塑性裂缝和干缩裂缝。设计要求游泳池、跳水池、训练池底板及侧壁混凝土掺加抗拉纤维，掺入量为 0.8kg/m^3。

本技术提高了水池混凝土的强度、韧性，减少混凝土塑性裂缝和干缩裂缝，极大地增强了水池结构的防水安全性，有效地避免了漏水的情况。

3.2.4 混凝土裂缝控制技术

混凝土裂缝控制与结构设计、材料选择、施工工艺等多个环节相关，其中选择抗裂性较好的混凝土是控制裂缝的重要途径。本工程主体为框剪结构和劲性钢骨结构，混凝土等级高，全部采用商品混凝土。

本技术提高了混凝土抗裂性能，从而达到防止混凝土裂缝的目的。

3.3 钢筋及预应力技术

3.3.1 高强钢筋应用技术

本工程由于建筑跨度大，结构复杂，屋顶钢结构荷载大，为了节约成本和满足结构要求，本工程所有钢筋混凝土构件均采用 HRB400 级高强钢筋。通过采用高强度钢筋，既可以满足受力要求，又可以节约钢筋的使用量。

通过采用高强度钢筋可以减少梁柱的钢筋使用量，降低施工难度，方便钢筋绑扎和混凝土浇筑，提高施工效率。这项技术的应用，使钢筋的屈服强度大大提高，并且具有良好的可焊性，可以大量节约钢筋。

3.3.2 大直径钢筋直螺纹连接技术

本工程钢筋直径≥18mm 的钢筋均采用直螺纹机械连接，由于核心筒施工采取梁板后浇方式，导致钢筋接头数量巨大。工程涉及的所有机械接头均要求为一级接头。

采用直接滚轧直螺纹钢筋连接避免由于采用搭接连接造成钢筋浪费外，还可避免焊接连接质量控制难度大、耗电量大的问题，具有接头设备投资少、螺纹加工简单、接头强度高、连接速度快、生产效率高、现场施工方便、适应性强等优点。既节约钢筋，又节约工程成本，还有效地加快了施工进度，保证了粗钢筋的连接质量。

3.3.3 无粘接预应力技术

无粘结预应力筋由单根钢绞线涂抹建筑油脂外包塑料套管组成，它可像普通钢筋一样配置于混凝土结构内，待混凝土硬化达到一定强度后，通过张拉预应力筋并采用专用锚具将张拉力永久锚固在结构中。

该技术可以抵抗大跨度或超长度混凝土结构在荷载、温度或收缩等效应下产生的裂缝，提高结构、构件的性能，降低造价。

3.3.4 钢筋机械锚固技术

本工程大量采用该技术，特别是核心筒及看台斜梁处的钢骨结构与钢筋连接复杂区域，全部使用该技术。

该技术相比传统的钢筋机械锚固技术，应用钢筋锚固板，可减少钢筋锚固长度，节约锚固钢筋；安装快捷，质量及性能易于保证；锚固刚度大、锚固性能好、方便施工；可大大简化钢筋工程的现场施工，避免了钢筋密集拥堵、绑扎困难的问题，并可改善节点受力性能和提高混凝土浇筑质量。

3.4 模板及脚手架技术

3.4.1 清水混凝土模板技术

清水混凝土模板是按照清水混凝土技术要求进行设计加工，满足清水混凝土质量要求和表面装饰效果的模板。本工程主体结构模板统一采用覆膜木胶合板，工程质量技术部门从模板的设计、加工、安装和节点细部处理等几方面加以控制，达到清水混凝土的饰面效果。

达到清水混凝土效果以减少抹灰量，降低了工程造价。

3.4.2 组拼式大模板技术

组拼式大模板应用于单块面积较大、模数化、通用化的大型模板，具有完整的使用功能，采用塔吊进行垂直水平运输、吊装和拆除，工业化、机械化程度高。

施工操作简单、方便、可靠，施工速度快，工程质量好，混凝土表面平整光洁，不需抹灰或简单抹灰即可进行内外墙面装修。

3.4.3 早拆模板施工技术

早拆模板施工技术是指利用早拆支撑头、钢支撑或钢支架、主次梁等组成的支撑系统，实现大部分底模和支撑系统早拆的模板施工技术。

本工程施工质量要求高，而且工期比较紧，使用模板早拆体系技术，可以缩减施工工期，加快施工进度，提高工效 30% 以上；可以大量节省模板一次投入量，减少模板配置量 1/3 ～ 1/2 ；而且可延长模板使用寿命，大大节省施工费用。

3.4.4 液压爬升模板技术

爬模装置通过承载体附着或支承在混凝土结构上，当新浇筑的混凝土脱模后，以液压油缸或液压升降千斤顶为动力，以导轨或支承杆为爬升轨道，将爬模装置向上爬升一层，反复循环作业的施工工艺，简称爬模。目前国内应用较多的是以液压油缸为动力的爬模。本工程大量的核心筒柱采用爬模体系。

由于模板能自爬，不需起重运输机械吊运，减少了高层建筑施工中起重运输机械的吊运工作量，能避免大模板受大风影响而停止工作。

3.4.5 附着升降脚手架技术

由于自爬的模板上悬挂有脚手架，所以还省去了结构施工阶段的外脚手架，因为能减少起重机械的数量、加快施工速度而经济效益较好。

3.5 钢结构技术

3.5.1 深化设计技术

深化设计贯穿于设计和施工的全过程，除提供加工详图外，还配合制定合理的施工方案、临时施工支撑设计、施工安全性分析、结构变形分析与控制、结构安装仿真等工作。

该技术的应用对于提高设计和施工速度、提高施工质量、降低工程成本、保证施工安全有积极意义。

3.5.2 厚钢板焊接技术

在大型公共建筑钢结构工程中，应用厚钢板焊接技术。焊后做焊缝的超声波探伤，焊缝质量达到国家验收合格标准。

厚钢板尤其是Q390、Q420、Q460厚40mm以上高强度钢板的应用已越来越普遍。

3.5.3 钢与混凝土组合结构技术

本工程巨型核心筒柱四角设置钢骨柱，可显著减小柱的截面尺寸，提高承载力；刚度大且抗震性能好。

本技术结合了钢结构和混凝土结构的优点，显著地减小斜筒体剪力墙的截面面积，提高了承载力，不仅减小了钢筋混凝土的用量，节约了成本，而且缩短了工期，减少了人力的投入，节约成本。

3.5.4 高强度钢材应用技术

对承受较大荷载的钢结构工程，选用更高强度级别的钢材，可减少钢材用量及加工量，节约资源，降低成本。

目前钢厂供货及工程设计使用较多的是Q345强度等级钢材，很少使用Q390及以上更高强度等级钢材，提高使用高强度级别钢材的空间还很大。

3.5.5 模块式钢结构框架组装、吊装技术

本工程在进行屋面钢结构桁架组装、吊装施工时，全部采用该技术。

本技术的应用，减少了高空作业量和组装吊装的难度，同时也降低了工程焊接和吊装的难度，减少了散装大型钢结构高空组装测量时受风载荷和温度而引起的测量误差，减少了大量的脚手架搭设，降低了大量的高空作业所形成的安全施工控制难度及安全风险，缩短了组装周期，有利于工程总进度的控制。

3.6 机电安装技术

3.6.1 管线综合布置技术

本工程管线布置复杂，采用管线综合布置技术显得尤为重要。工程中全部管线布置进行三维建模，采用管线综合布置技术。

本技术极大缓解了在机电安装工程中存在的各种专业管线安装标高重叠、位置冲突的问题。不仅可以控制各专业和分包的施工工序，减少返工，还可以控制工程的施工质量与成本。

3.6.2 变风量空调系统技术

按房间设置，做到分室调节，根据室内负荷情况实现变风量运行，空调机组可通过焓值控制技术实现全新风运行工况。

本技术从设计、末端装置到控制系统调试上控制，使其达到区域温度可控，采用变频装置调节风机转速，降低了能耗，系统可以无水管进入空调区域，减少了系统泄漏的可能性，提高了系统使用、维护的安全性。

3.6.3 管道工厂化预制技术

机电安装正朝着工厂化和装配化方向发展，分为预制和装配两个工作。工厂化预制的优越性在于既不受天气影响，也不受土建和设备安装条件的限制，待现场条件具备时，即可将预制好的管段及组合件运至现场进行安装。

本技术具有缩短施工周期、加快施工进度、减少高空作业和高空作业辅助设施的架设等优点，对保证施工质量和安全、提高技术水平和平衡施工力量等具有十分重要的意义。

3.7 绿色施工技术

3.7.1 外墙自保温体系施工技术

本工程墙体自保温体系以蒸压加气混凝土砌块和陶粒砌块等为墙体材料，辅以节点保温构造措施的自保温体系，可满足夏热冬冷地区外墙、内隔墙和分户墙节能 50% 的设计标准。

3.7.2 粘贴保温板外保温系统施工技术

本工程外墙保温采用玻璃棉复合板、聚氨酯板进行施工。严格按照《外墙外保温工程技术规程》《建筑装饰装修工程质量验收规范》标准要求，达到保温的效果。

本技术适用于严寒的新建建筑的外墙外保温工程，具有良好的保温效果，减少了建筑的能耗，节省了能源，创造了良好的社会和经济效益。

3.7.3 工业废渣及（空心）砌块应用技术

本工程内墙砖砌体均加气混凝土蒸压砌块，该砖砌体采用工业废渣生产，都是符合国家墙改政策和废渣利用政策的新型建筑材料，具有轻质、保温、隔声、隔热、结构科学、外观尺寸标准等优点，各项技术指标均符合国家相关标准。

这项新技术的应用，对于保护环境、治理环境污染、减少二氧化碳排放、降低成本具有重要的意义。

3.7.4 铝合金窗断桥技术

本工程使用铝合金窗均采用铝合金窗断桥技术，玻璃为 Low-E、6+12A+6MM 浅灰色双层中空玻璃，玻璃与框连接采用优质硅酮密封胶，设计根据鄂尔多斯地区的风荷载标准值，着重考虑风压变形性能、雨水渗透性能、空气渗透性能几方面考虑，使其达到节能的要求。

本技术的应用，比非隔热铝合金型材门窗降低 40% ～ 70% 的热传导，其自重轻，强度高，开闭轻便灵活，无噪声，密度仅为钢材的 1/3，隔音性好。

3.8 防水技术

3.8.1 遇水膨胀止水胶施工技术

本工程在混凝土内墙、楼板后浇带以及具有防水要求的穿墙、板管孔等不规则部位采用遇水膨胀止水胶，其独特的性能优势，使其在实际工程应用中具有非常广泛的适用范围。

无定形膏状确保它可以适合不规则的基面接缝防水，且具有施工简便、可操作性强，耐久性好，化学稳定性优异，节约了工程成本，减少了工程维修的概率。

3.8.2 聚氨酯防水涂料施工技术

本工程的观众集散平台、看台层、卫生间、淋浴间及保洁间等防水均采用聚氨酯防水涂料施工技术。采用双组分的聚氨酯防水涂料，具有涂膜致密、无接缝整体性强和优良的抗渗性、较好的耐腐蚀性等特性。

聚氨酯防水涂料具有抗老化能力强、施工周期短、使用时间长等特点，操作简单，涂刷省工省时。

3.9 抗震、加固与改造技术

结构安全监测（控）过程一般分为施工期间监测与使用期间监测，施工期间的监测主要以控制结构在施工期间的安全和施工质量为主，使用期间的监测主要监测结构损伤累积和灾害等突发事件引起结构的状态变化，根据监测数据评估结构状态与安全性，以采取相应的控制或加固修复措施。

本工程将对巨型核心筒进行全过程的安全性监测，通过一定时间内的量值变化分析结构的安全状态，必要时采取措施保证结构安全，将事故隐患防患于未然。

3.10 信息化应用技术

3.10.1 虚拟仿真施工技术

虚拟仿真施工技术是虚拟现实和仿真技术在工程施工领域应用的信息化技术。本工程针对施工过程较为复杂的巨型斜筒柱和钢结构主桁架，采取虚拟仿真施工技术。

本技术的应用，实现虚拟施工过程各阶段和各方面的有效集成，使目标函数达到最优，从而为决策者提供科学的、定量的依据，获得对所需解决问题的清晰和直观的认识。

3.10.2 施工现场远程监控管理及工程远程验收技术

通过信息化手段实现对工程的监控和管理，该技术的应用不但要能实现现场的监控，还要具有通过监控发现问题，能通过信息化手段整改反馈并检查记录的功能。

本技术的应用，不仅实现了工程的现场监控，还通过监控发现问题并整改反馈，而且通过视频信息随时了解和掌握工程进展，远程协调与指挥工作，对工程项目进行远程验收和监控，并能实现将现场实时显示并存储下来。

3.10.3 工程量自动计算技术

本工程结构形式多样、复杂，工程量和钢筋量的计算是工程建设过程中的重要环节，其工作量大，内容繁杂，需要技术人员做大量细致、重复的计算工作，广联达软件应用于建模、工程量统计、钢筋统计等过程。

实现自动算量，不仅减少了人工重复计算的过程，还保证了工程量的准确性。

3.10.4 工程项目管理信息化实施集成应用及基础信息规范分类编码技术

项目部运用本技术，将项目管理的各业务处理与管理信息系统模块进行应用流程梳理整合，形成覆盖项目管理主要业务的集成管理信息系统，实现项目管理过程的信息化处理和业务模块间的有效信息沟通。实现对项目的全过程管理、流程化控制，实现企业与项目之间的内部协同，既提高了项目管理的效率和水平，又降低了项目管理的成本。

3.10.5 建设工程资源计划管理技术

本技术以管理的规范化为基础，管理的流程化为手段，项目财务成本处理的透明化为目标实现对建设工程资源的有效管理。

本技术的应用，对资源的计划、采购、应用做到合理，不浪费，资源利用的最大化，极大地降低了工程成本。

3.10.6 塔式起重机安全监控管理系统应用技术

塔式起重机是机械化施工中必不可少的关键设备，本技术的应用可以从根本上改变塔机的管理方式，做到事先预防，变单一的行政管理、间歇性检查式的管理为实时的、连续的科技信息化管理，变被动管理为主动管理，最终达到减少乃至消灭塔机因违章操作和超载引起的事故的目的。本工程在塔壁上安装高精度力传感器，塔机上配备相应设备，能记录塔机工作全过程，判断司机的操作指令，显示塔机工作参数，直观地了解塔机的工作状态。

有效地预防了各类安全事故的发生，对项目的安全施工创造了良好的条件，减少了事故的发生，既创造了经济效益，同时又具有更大的社会效益。

4 小结

鄂尔多斯市体育中心工程先后获荣鲁班奖、钢结构金奖等诸多奖项。工程建设为2015年第十届全国少数民族传统体育运动会圆满举办奠定了坚实的基础。经过近两年的使用，功能满足设计和使用要求。通过新技术的应用，取得了良好的经济效益。

第十四届中国土木工程詹天佑奖获奖工程

国家会展中心（上海）

工程概况

国家会展中心（上海）项目由商务部和上海市共同投资兴建，总建筑面积 147 万 m^2，集展览、会议、办公及商业服务等功能于一体，是世界上规模最大的会展综合体。项目设计新颖，四叶草造型营造良好的室内外通风环境，“米”字形通风廊道实现尾气的高效自然排放，综合体坚持可持续发展理念，按照绿色三星标准要求，从节能、节水、节材、节地、室内环境质量、运营管理等环节入手，是一座永续发展的“绿色会展综合体”。

工程于 2012 年 6 月 1 日开工建设，2014 年 9 月 28 日竣工，总投资 152.39 亿元。

工程特点与难点

工程体量超大、工期紧、施工组织难度超大；涉及结构超高、大跨、受力复杂；幕墙绿色施工、超大面积地坪施工、机电高大空间施工、BIM 技术深度应用等多方面施工难题，主要体现在：

（1）高——层高高，展厅层高达 16m，建筑外围设有 240 根 48m 高装饰钢板立柱。

（2）大——300m × 350m 预应力梁板结构，320m × 338m 钢结构三角管桁架屋盖结构，近万平方米焊接球网架结构，40 万 m^2 耐磨地坪，28 万 m^2 建筑外幕墙。

（3）重——主体结构 27m × 36m 跨 1800mm × 2650mm 双向预应力框架梁每延长米重量达 12.1t。

（4）难——由上述高、大、重引出的超大面积结构施工组织，变形及裂缝控制，高大支模，高大空间机电安装作业，且工期紧，带来的施工组织及技术难度超大。

主要科技创新

（1）针对 300m × 350m 超大面积预应力梁板结构施工研发了“递推流水施工技术”，施工中不设后浇带，解决了超长混凝土梁板结构施工难题，缩短了工期，经济效益显著。

（2）针对 108m 大跨度变截面三角管桁架施工，研发可调节装配式胎架技术，提出了适用于钢桁架的吊点位置优化准则“最小弯矩准则”，基于“目标函数满意度法”的吊点高度优化方法，解决了常规按经验确定吊点位置无法给出最优解的问题，同时研发超大面积焊接球网架空中悬停对接整体柔性提升技术，解决了拼装平面高差较大工况下网架安装就位的施工难题。

（3）针对幕墙施工，研发了横隐竖明幕墙系统施工技术，解决了超高大跨结构幕墙板块安装，更换拆除的难题，节约材料，加快施工进度，实现了绿色施工；研发了弧形行走式吊篮施工技术，可进行上下、左右便捷移动，减少吊篮设备投入，实现了弧形面幕墙工程快速施工；研发了“地面拼装 + 整体吊装”安装技术，实现了 48m 高装饰钢板立柱一次精准就位，减少了高空作业。

（4）针对高大空间机电工程，首创了民用建筑中高大空间消防排烟控烟技术，同时研发了钢结构屋盖桁架内螺旋风管随钢桁架地面组对、整体吊装的施工工艺及免焊接可装配式支吊架，解决了高大空间桁架内螺旋风管的安装难题；研发了提升作业平台，通过提升系统拉结在屋盖管桁架上，实现上部机电施工与下部地坪施工立体交叉作业同步进行。

（5）针对超大面积耐磨地坪施工，采用合理设置伸缩缝及跳仓浇筑施工技术，有效控制了超大面积展厅地坪裂缝，同时研发了地坪平整度控制方法。

（6）项目施工全过程全面应用 BIM 技术，提升了项目管理及生产效率，节约了管理及生产成本，提高了施工总承包管理水平。

国家会展中心（上海）主要科技创新

陈新喜　陈　华　史　朋

中国建筑第八工程局有限公司
上海　200120

摘要：国家会展中心项目建筑高度43m，总建筑面积约147万m^2，由展览场馆、配套商业中心、办公楼和酒店四大部分构成，是世界上规模最大的会展综合体。在会展建设过程中，针对36m跨超高超重双向预应力混凝土楼盖、大跨度钢结构工程、高大空间机电安装工程、幕墙工程、超大面积耐磨地坪等工程的建造过程中，研发了36m跨超高超重双向预应力混凝土楼盖体系施工关键技术、大跨度钢结构工程施工关键技术、108m跨三角管桁架无支撑安装技术、幕墙工程绿色建造关键技术、高大空间机电安装工程升降式作业平台施工技术、超大面积耐磨地坪施工技术、BIM技术在施工阶段的全面应用等技术，通过上述新技术的开发应用，保证了工期按期完成，提高了工程质量，并取得了良好的经济效益和社会效益。

关键词：超高超重；大跨度；绿色建造；高大空间；超大面积

1　概述

国家会展中心是商务部与上海市政府的重点建设项目，建筑呈四叶草造型，建筑形式新颖复杂；结构超高大跨；预应力、钢结构多样，机电系统繁多。主要体现在：高——层高高，展厅层高达16m，建筑外围设有240根48m高装饰钢板立柱（图1）；大——300m×350m预应力梁板结构、320m×338m钢结构三角管桁架屋盖结构、近万平方米焊接球网架结构、40万m^2耐磨地坪、28万m^2建筑外幕墙；重——主体结构27m×36m跨1800mm×2650mm双向预应力框架梁每延长米重量达12.1t；难——由上述高、大、重引出的超大面积结构施工组织、变形及裂缝控制，高大支模、高大空间机电安装作业，且工期紧，带来的施工组织及技术难度超大。

特别是其中的36m跨超高超重双向预应力混凝土楼盖体系施工关键技术、超大面积焊接球网架整体提升施工技术、108m跨三角管桁架无支撑安装技术、高大空间机电安装工程升降式作业平台施工技术、超大面积耐磨地坪施工技术、BIM技术在施工阶段的全面应用等技术是施工中的重大难题，也无可借鉴的施工经验。

2　主要科技创新

2.1　36m跨超高超重双向预应力混凝土楼盖体系施工关键技术

针对国家会展中心36m跨超高超重双向预应力混凝土楼盖体系施工研发的关键技术成果，经专家组鉴定，成果总体达到国际先进水平，其中超长混凝土结构裂缝控制技术达到国际领先水平。

创新成果如下：①通过理论计算和试验验证及综合对比分析，提

>>> 作者简介 <<<

陈新喜（1973—　），男，高级工程师，中建八局总承包公司总工程师。

陈　华（1984—　），男，高级工程师，中建八局总承包公司经理部总工程师。

史　朋（1989—　），男，工程师，中建八局总承包公司经理部高级业务经理。

图1　展厅16m标高层梁板结构模型

图2　展厅桁架

出适合超高、超重、大跨结构的模板支撑形式，其中新型承插盘扣式钢管支架技术在施工中应用，取得了快捷、安全、节约的良好效果，研究成果得到成功应用；②研究采用“递推流水施工技术”，施工中不设后浇带，解决了超长混凝土楼面结构施工难题，缩短了工期，经济效益显著；③采用BIM技术优化梁柱复杂节点配筋布置，解决了节点多种钢筋交叉施工的碰撞问题；④通过理论分析、数值模拟及预应力筋布设方案优化，确定了双向预应力筋搭接方案及合理的张拉顺序，减少了预应力损失，保证了超大跨框架梁预应力张拉施工的顺利实现。

2.2 大跨度钢结构工程施工关键技术

针对项目钢结构形式多样、造型复杂的特点，通过有限元分析等手段，对大型会展项目钢结构综合施工技术进行了技术攻关，其创新成果如下：①针对多跨连续大跨度变截面三角管桁架拼装施工，开发了一种可调节的装配式胎架，提高了桁架拼装效率及拼装质量；②研发出跨地铁区域126m大跨度平面桁架安装方法，解决了跨地铁区域钢结构吊装等施工难题；③针对108m大跨度三角管桁架及38m悬挑三角管桁架的施工，研发了无支撑安装技术，取消了临时支撑，降低了成本，提高了施工效率（图2）；④研发了大面积三层焊接球网架空中悬停对接整体提升技术，解决了拼装平面高差较大环境下网架的施工难题（图3）。

（a）主入口网架地面拼装

（b）主入口网架整体提升

图3　主入口网架

2.3 幕墙工程绿色建造关键技术

研发了横隐竖明幕墙系统施工技术，解决了幕墙板块更换拆除的难题，节约了材料，加快了施工进度，实现了绿色施工；研发了地面

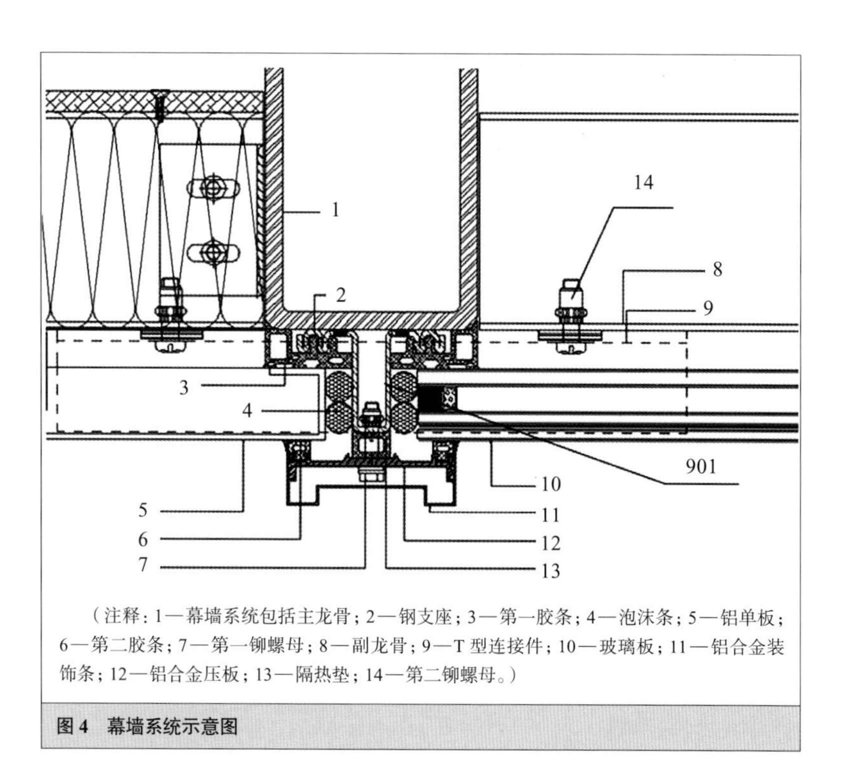

（注释：1—幕墙系统包括主龙骨；2—钢支座；3—第一胶条；4—泡沫条；5—铝单板；6—第二胶条；7—第一铆螺母；8—副龙骨；9—T型连接件；10—玻璃板；11—铝合金装饰条；12—铝合金压板；13—隔热垫；14—第二铆螺母。）

图4 幕墙系统示意图

拼装、整体吊装48m高装饰钢板立柱系统安装施工技术，减少高空焊接工作量，实现了绿色施工；研发了行走式吊篮施工技术，减少了吊篮设备投入，实现了绿色施工（图4）。

图5 升降高空作业平台

2.4 高大空间机电安装工程升降式作业平台施工技术

上层展厅层高16m，屋盖为三角管桁架结构，根据施工图纸，顶部需布设机电各专业管线，高大空间机电安装作业常规做法需借助于搭设满堂脚手架进行，工序烦琐。项目研发了一种提升平台，我们称之为“飞船”，它由钢平台系统、升降系统组成，通过提升系统拉结在屋盖管桁架上，实现平台升降。该升降式高空作业平台不仅解决了下部的通行难题，而且上部机电施工、下部地坪施工立体交叉作业同时进行，保障了施工进度（图5）。

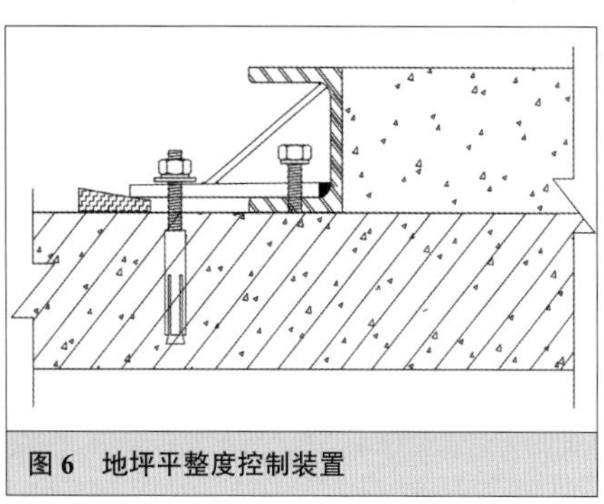

图6 地坪平整度控制装置

2.5 超大面积耐磨地坪施工技术

展厅耐磨地坪面积达12万m^2，通过合理设置伸缩缝，跳仓浇筑，有效控制了地坪裂缝，同时采用自主研发的地坪平整度控制装置，解决了超大面积地坪平整度控制难题（图6）。

2.6 BIM技术在施工阶段的全面应用

项目工程量大、专业分布广，项目通过BIM技术构筑建筑信息化平台，实现对建筑工程项目的施工质量管理、进度管理、成本管理、工作面管理、现场平面管理、安全管理、施工协调等进行数字化、精细化管控，提升项目管理及生产效率，节约管理及生产成本，提高施工总承包管理水平（图 7）。

2.7 新技术应用情况

施工中，积极推广应用了建筑业 10 项新技术中的 9 大项 38 个子项，并通过了上海市建筑业新技术应用示范工程验收，经专家评审整体达到国内领先水平。

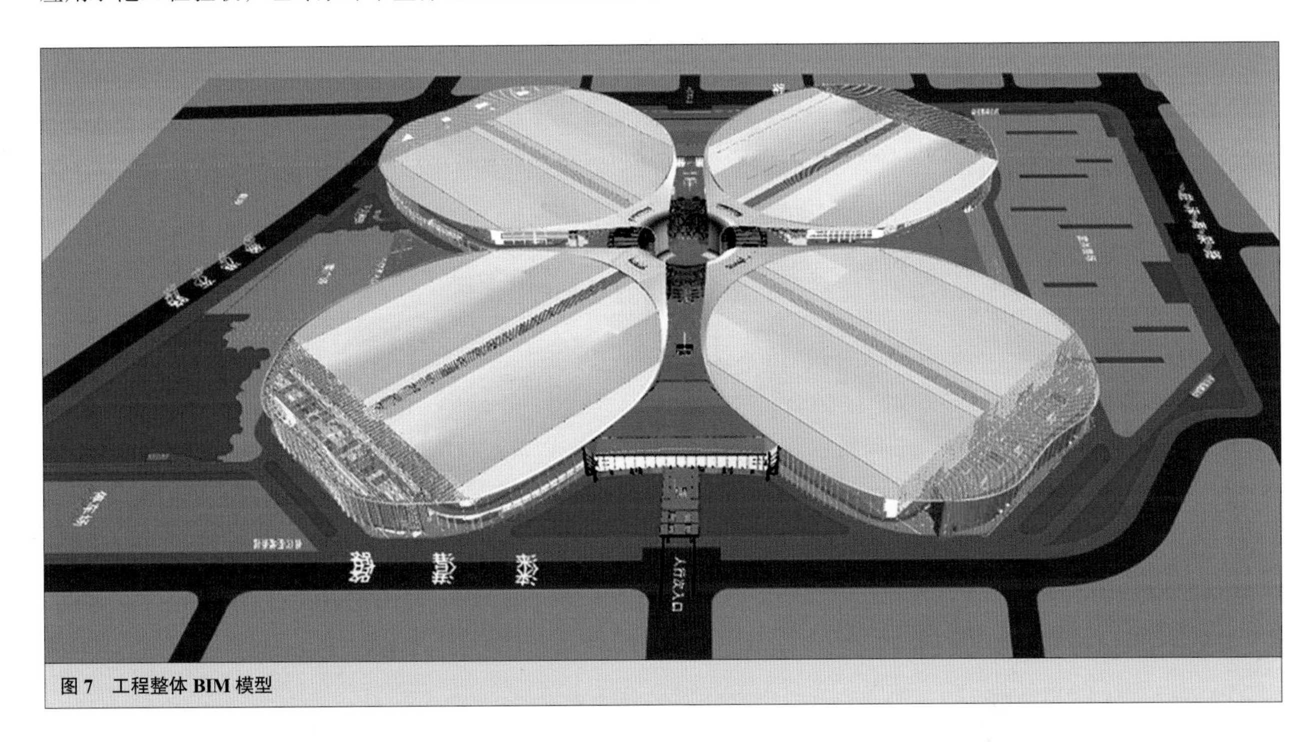

图 7　工程整体 BIM 模型

图 8　工程效果图

3 项目推广应用情况

科技成果在国家会展中心项目得到成功应用，保证了施工质量和安全，提高了工效，产生经济效益达 6066.89 万元（科技进步效益率 2.11%）。

作为“十二五”期间上海重点建设的国家级项目，工程自 2014 年 12 月交付使用以来，已先后成功举办了国际汽车工业展览会、国际服装服饰博览会、国际医疗器械博览会等 72 场国际超大型展会，累计展览面积近 600 万 m^2，与会观展人员累计达 800 万人次，得到社会各界的高度评价与认可。项目对推动上海市产业结构调整、加快上海创新驱动、转型发展、促进经济发展方式转变起到了重要的推动作用。

项目荣获全国工程建设 BIM 应用示范工程，全国优秀项目管理成果一等奖，全国绿色施工节能减排竞赛金奖，2014—2015 年度中国建设工程鲁班奖，工程效果图如图 8 所示。研究成果也成功应用到了后续的杭州国际博览中心项目、宁波银泰城等超大型公建项目，具有良好的应用推广前景。

第十四届中国土木工程詹天佑奖获奖工程

新建铁路哈尔滨至大连铁路客运专线

工程概况

哈大铁路客运专线是国务院批准的《中长期铁路网规划》“四纵四横”客运专线网的重要组成部分，起自大连北站，途径辽宁、吉林、黑龙江三省，终到哈尔滨西站，全长 903.945km。设计速度目标值 350km/h，运营初期速度 300km/h；线路最小半径 7000m；最大坡度 25‰；到发线有效长度 650m。

哈大客专是世界严寒地区第一条设计时速 350km 的高速铁路。全线路基长度为 236.987km，占线路总长度的 26.2%，桥梁 163 座 657.182km，隧道 8 座 9.776km，桥、隧长度占线路总长的 73.8%。正线区间采用 CRTSI 型板式无砟轨道，无砟轨道铺设长度 837.3km，占线路长度的 92.6%。

工程于 2007 年 8 月 23 日开工建设，2012 年 12 月 1 日建成并开通运营，总投资 1063 亿元。

工程特点与难点

（1）路基工程。全线地处东北寒冷地区，路基受周期性冻融循环作用，易引起冻胀。融化期，由于上层土体开始融化，而下部仍处于冻结状态，未融化的土层引起隔水层的作用，在载荷反复作用下容易出现危害，处理比较困难；严寒地区防排水工程需要高度重视，软土、松软土、膨胀岩土水敏感性高，特别是冬季气温低，易引起冻害，对基础影响大。

（2）桥梁工程。桥型、梁型种类多，桥梁上部结构除以 32m、24m 整孔箱梁作为主导梁外，还采用了一些其他结构形式，如连续梁、连续钢构、钢混结合梁等，并且还有深水桥和防侵蚀的海湾大桥；采用的大型吊、运、架设备受到走行半径、道路坡度的限制，给箱梁的运输和架设带来了一定难度；全线预制箱梁数量庞大，有效施工期短，进度指标较低，制、运、架设备投入较多。

（3）轨道工程。无砟轨道铺设精测量大，技术标准高，严寒地区铺设无砟轨道尚无可借鉴经验；采用厂制 100m 定制尺轨，基地焊接成 500m 长条轨，一次性铺设跨区间无缝线路；长轨的运输、铺设、现场焊接、应力放散及锁定受环境影响大。

（4）“四电”工程。道岔融雪（除雪）装置的研究，接触网融冰措施项目攻关研究是本线行车设备安

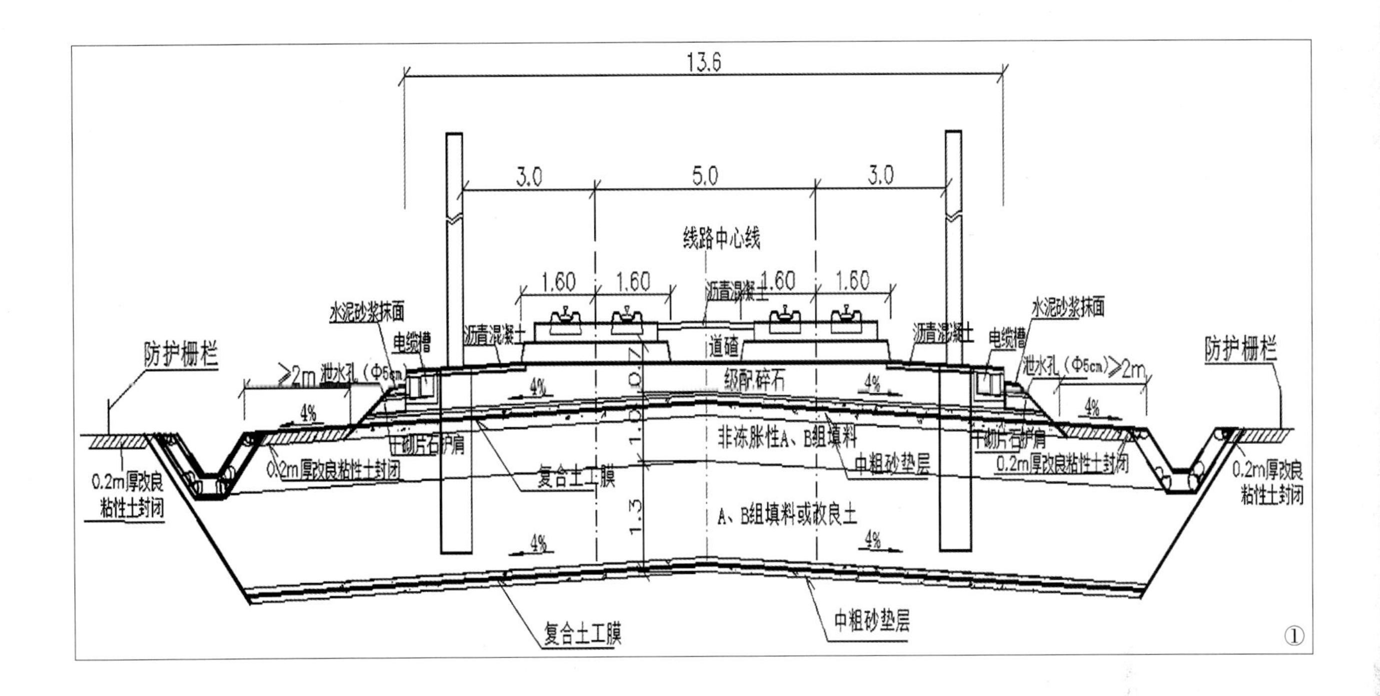

全可靠运行的重要保证，因此进行了立项专题研究。

主要科技创新

1. 形成了一整套严寒地区高速铁路修建技术

（1）首次在高速铁路路基中采用防冻胀结构设计。采取路基隔水结构形式设计防止冻胀；采用换填法有效防治季节性冻胀；采用 CFG 桩、桩网结构等复合地基处理措施进行加固；采用保温护道或设置隔热层增大热阻防止冻胀，切实提高防冻胀性能和地基承载力，解决了高寒地区路基冻胀问题。

（2）首次在严寒地区铺设 CRTS Ⅰ型板式无砟轨道和跨区间无缝线路。优化 CRTS Ⅰ型无砟轨道板结构设计，厚度由通用图 19cm 增至 20cm，并设 2cm 厚承轨凸台，提高其使用耐久性。

（3）首次铺设 62 号高速无砟道岔。长春西站 2 组 62 号高速无砟道岔是目前世界上最大号码道岔，其侧股通过速度为 220km/h。

（4）解决了在大温差条件下钢轨温度应力和轨道框架阻力相匹配的关键技术，选用合适的弹条扣件，精细施工。

（5）首次在高速铁路建设中设计、建造了跨度 56m 节段拼装简支箱梁和 1—138m 钢箱叠拱桥，大桥的设计与施工关键技术研究均已取得创新性成果。

2. 创新形成了高寒地区高速铁路设备可靠运行成套技术

形成了冻融路基综合监测技术；首创动车组静态融冰除雪和轨旁设备落冰防护技术；构建了接触网导线防冰融冰、道岔融冰等技术；创新建立了高寒地区高速动车组运行安全保障系统；构建了动车组运行故障检测、雪深检测、接触网腕臂监测等安全防务系统，从而确保了高寒地区高速铁路各项设备全天候安全运行。

① 路基地段防冻层断面图
② 62 号道岔
③ 新开河特大桥 1-138m 钢箱叠拱下拱肋吊装

新建铁路哈尔滨至大连铁路客运专线主要科技创新

潘龙江　王　迪　杨春枝

哈大铁路客运专线有限责任公司
辽宁沈阳　110002

摘要：哈大铁路客运专线是世界上在严寒地区（沿线最高气温39.8℃，最低气温 -39.9℃）建成的第一条无砟轨道高速铁路，该铁路客运专线创新了严寒条件下冻融路基建造技术，构建了冻融路基冻胀控制技术和综合监测技术体系；创新了高速铁路桥梁建造技术和隧道防寒保温及排放水技术；创新了严寒地区高速铁路上铺设跨区间无砟轨道无缝线路；创新了高速铁路接触网导线防冰融冰、道岔融雪等关键技术；首次铺设 2 组 62 号高速无砟道岔是目前世界上最大的道岔。

哈大铁路客运专线建设所形成的系列关键技术，为严寒地区高速铁路建设积累了丰富的经验，更为今后严寒地区的高速铁路建设及中国高铁走出国门提供了理论基础和技术支持。

关键词：冻融路基；高速桥梁；隧道防寒；无砟轨道；设备融冰；62 号道岔

1　概述

具有百年历史的既有哈大铁路，见证了东北地区百年变迁，也支撑了东北地区百年发展，是东北地区客货运输的重要通道。但随着国家振兴东北老工业基地战略的深入实施和东北地区经济社会的快速发展，该通道承担着日益繁重的煤炭、石油、粮食、木材等能源资源和战略物资的运输任务，运输能力早已饱和，交通瓶颈制约日趋凸显。

为加强对东北地区交通等重大基础设施建设，完善和优化东北地区交通网络，统筹东北地区协调发展，促进东北老工业基地全面振兴和实现长远发展，建设一条速度更快、标准更高、质量更好的铁路客运专线，既是实现东北地区社会经济发展的需要，也是满足人们日益增长的出行需求的需要。

哈大铁路客运专线的建设，提升了路网整体效能和相邻线路运营效益，促进了东北老工业基地全面振兴和长远发展，实现了东北地区与腹地之间的良性互动，推动了我国铁路建设的技术创新和可持续发展，巩固了祖国东北地区边境稳定和安全，大大提高了整个东北地区的交通运输能力，为振兴东北老工业基地、改善民生，提供了有力的支撑和运力保障。

2　主要科技创新

哈大铁路客运专线设计标准高、技术难度大，该项目的建设，提高了我国在严寒地区建设客运专线的技术水平，为严寒地区客运专线相关设计标准的制定提供了参考，为类似工程的实施积累了宝贵的建设经验。

>>> 作者简介 <<<

潘龙江（1962—　），男，高级工程师，哈大铁路客运专线有限责任公司运输安全部部长。

王　迪（1981—　），男，助理工程师，哈大铁路客运专线有限责任公司运输安全部。

杨春枝（1963—　），男，高级工程师，哈大铁路客运专线有限责任公司工务组长。

2.1 路基结构设计

（1）首次在高速铁路冻融路基中采用防冻胀结构设计。采取路基隔水结构形式设计防止冻胀；采用换填法有效防治季节性冻胀；采用CFG桩、桩网结构等符合地基处理措施进行加固；采用保温护道或设置隔离层增大热阻防止冻胀，切实提高防冻胀性能和地基承载能力，解决了高寒地区冻融路基冻胀问题。

（2）为了防止地表水下渗，在轨道板底座外边缘至电缆槽采用现浇6～10cm厚的C25纤维混凝土。为了提高路基的防冻性能，提出了基床表层级配碎石颗粒粒径d≤0.075mm含量不大于5.0%和基床底层填筑层填料采用颗粒粒径d≤0.075mm含量不大于15%的要求。

（3）为防止冻胀破坏路堤边坡，当路基填土高度大于3m时，在路堤边坡两侧设置防冻胀护道，护道高度和宽度不小于当地季节最大冻深。

（4）在地下水埋深较浅地段且路基高度小于季节冻深地段，路基两侧设降水设施，使地下水降至基床厚度以下再进行换填和隔断等处理措施。

（5）全线设置了完善的排水系统，根据不同情况设置了侧沟、渗管或渗水暗沟，渗沟出口处设置保温出口。

图1　普兰店海湾特大桥水上施工

2.2 桥梁结构设计

2.2.1 严寒滨海地区抗侵蚀混凝土关键技术

针对严寒滨海地区存在具有海水腐蚀与冻融破坏双重作用的情况，研究了高性能混凝土自身的抗蚀与抗冻能力的协调性，对普兰店海湾特大桥桩基和桥墩C50高性能混凝土的侵蚀进行了试验验证，使其具有较好的防侵蚀性能，保证了混凝土的耐久性（图1）。

图2　跨越普兰店海湾特大桥

2.2.2 56m简支箱梁节段预制整孔拼装综合关键技术

跨越普兰店海湾的特大桥采用了双线无砟轨道56m大跨度预应力混凝土拼装简支箱梁，为目前国内客运专线铁路建设中采用的最大简支跨度。56m简支箱梁整孔梁重在2000t以上，并且桥位处于深海环境下，考虑周边施工场地条件、建设工期及易于保证施工质量等因素，56m主梁采用场地预制节段、移动模架整孔拼装现浇湿接缝的施工工艺。

通过该梁的设计、施工实践表明，预应力混凝土简支箱梁具有很好的整体竖向、横向及扭转刚度，能够很好地适应客运专线高速行车的舒适性、安全性要求以及铺设无砟轨道的技术条件要求；通过对箱梁变形和控制截面应力的理论计算以及现场施工监控、检测分析，验证了结构分析理论、边界条件的设置及设计参数取值的正确性。这些都为确保桥梁施工过程和成桥结构安全提供了可靠的技术保证，同时也为同类桥梁的设计和施工提供了成功的经验（图2）。

图 3　伊通河特大桥 1-138m 钢箱叠拱桥

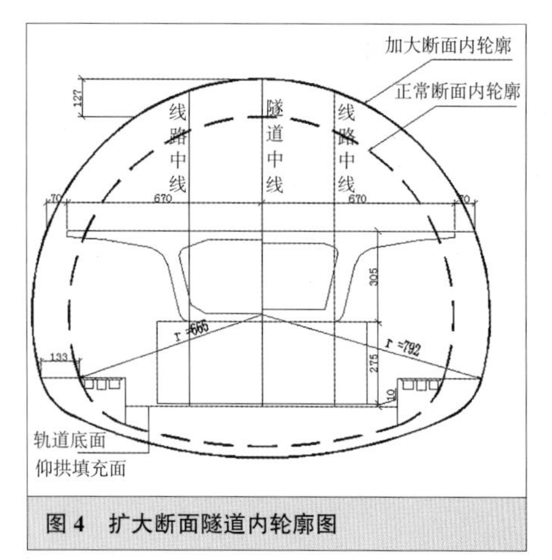

图 4　扩大断面隧道内轮廓图

2.2.3 伊通河特大桥 138m 的钢箱叠拱桥技术

钢箱双层叠拱桥采用上、下两拱，并采用不同矢高的曲线，同时拱高又逐渐变化，立面造型更加丰富，层次感更加突出，形成了独特的景观效果。

该桥采用的圆钢刚性吊杆在国内铁路桥梁中首次应用，具有低梁端转角、减小挠跨比值、增大结构刚度、吊杆受力均匀、使用寿命长等诸多优点；另外，其外观纤细，比以往应用较多的工字钢吊杆在美观性上大为改善，对大跨斜交孔跨而言更为明显，实体圆钢吊杆的超长连接、低温疲劳等都是新的研究课题（图 3）。

2.3 隧道结构设计

2.3.1 隧道防寒

高寒隧道渗漏水结冰后危及高速铁路设备和行车安全，通过采用防、排、堵综合技术措施，解决了隧道结构防水、防冻胀等技术难题，确保隧道无渗水、不结冰，满足高速铁路的安全运营。

2.3.2 超大断面隧道

经工程和施工组织方案比选，笔架山及台山隧道断面需满足运梁车通过的要求，开挖断面达到了 205m^2，为国内最大断面的高速铁路双线隧道断面，隧道的断面设计满足了运梁需要，优化了全线的施工组织，减少了制梁场的数量，节省了工程投资（图 4）。

2.4 无砟轨道结构设计

2.4.1 CRTS Ⅰ型板式无砟轨道

哈大铁路客运专线采用CRTS Ⅰ型板式无砟轨道，考虑提高轨道板耐久性，研究完善了适应于严寒地区的板式无砟轨道技术。根据对严寒地区水泥乳化沥青砂浆劣化机理分析，通过优选基质沥青、沥青改性、添加聚合物、消泡剂、引气剂等措施提高水泥乳化沥青砂浆耐低温性能。在以上研究的基础上，轨道板厚由一般地段的190mm增加至200mm，混凝土保护层厚度由30mm增加至35mm，同时在板上扣件支点位置增设20mm厚的承轨台，为严寒地区后续工程项目无砟轨道类型选择提供了借鉴（图5）。

2.4.2 焊接技术

区间线路采用闪光焊接，道岔前后与长钢轨接头采用铝热焊接。500m长轨条铺设完成后将500m长钢轨焊成1500m单元轨节。区间线路采用拉伸法、常温法进行焊接锁定；道岔间较短线路只能在道岔本身焊接锁定完毕后采用常温法、人工加热降温法进行锁定焊接线路，最后形成跨区间无缝线路。

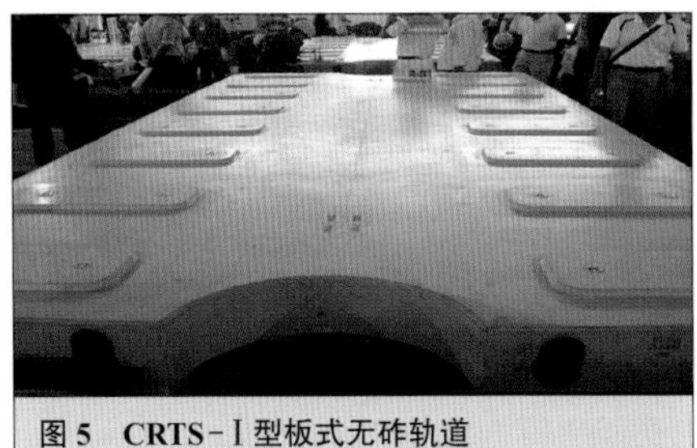

图5 CRTS-Ⅰ型板式无砟轨道

2.5 设备融冰

2.5.1 道岔融冰除雪

哈大铁路客运专线首次采用适应严寒地区客运专线的道岔融雪技术，为减轻铁路员工的劳动强度，改善劳动环境，提高了工作效率，在尖轨、心轨处通过增加外锁闭加热装置，解决了外锁闭在冬季雨雪天气因冰冻而影响道岔设备动作的问题。

首次设置远程控制中心设备，平时道岔融雪设备由车站控制，在特殊条件要求下，可以通过设置在调度所内的远程控制中心设备对全线道岔融雪设备进行实时控制（图6、图7）。

图7 道岔融雪设备

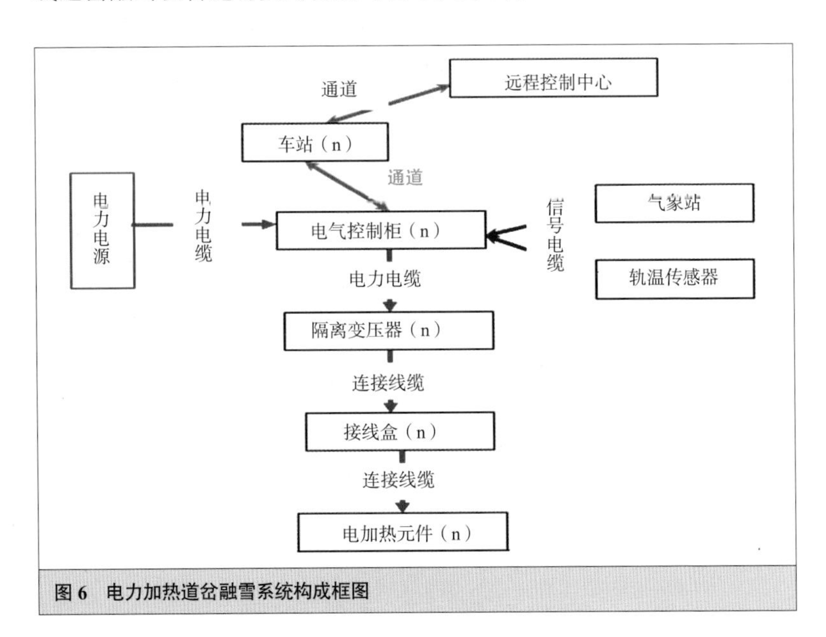

图6 电力加热道岔融雪系统构成框图

2.5.2 动车融冰除雪

针对国内动车组维护保养技术要求不同的现状，首次采用动车组融冰除雪库设计方案。在库内设置暖气及热风机等设施迅速提升库内温度，加快动车组转向架及车体连接部位冰雪的融化，达到融冰除雪的目的。由于融冰除雪时间大大缩短，提高了动车组周转率，为北方寒冷地区动车组的融冰除雪提供了参考及借鉴。

2.5.3 接触网融冰除雪

针对哈大铁路客运专线沿线的气象条件，总结国内外防（融）冰各种技术方法和措施，结合运营管理模式，分析接触网覆冰机理及特点，开发研制了国内首套接触网覆冰判断系统。利用人工气候室对拟定的技术措施和方法进行实验、分析，并对结果进行验证。对试验结果进行技术经济比较，确定哈大铁路客运专线接触网的防覆冰技术措施和方法，形成国内首套接触网防（融）冰系统。

2.6 62 号道岔

首次铺设 62 号高速无砟道岔。长春西站 2 组 62 号高速无砟轨道是目前世界上最大号码道岔，道岔长 201m，其侧股通过速度为 220km/h，较大地提高了列车运输能力，填补了世界空白（图 8）。

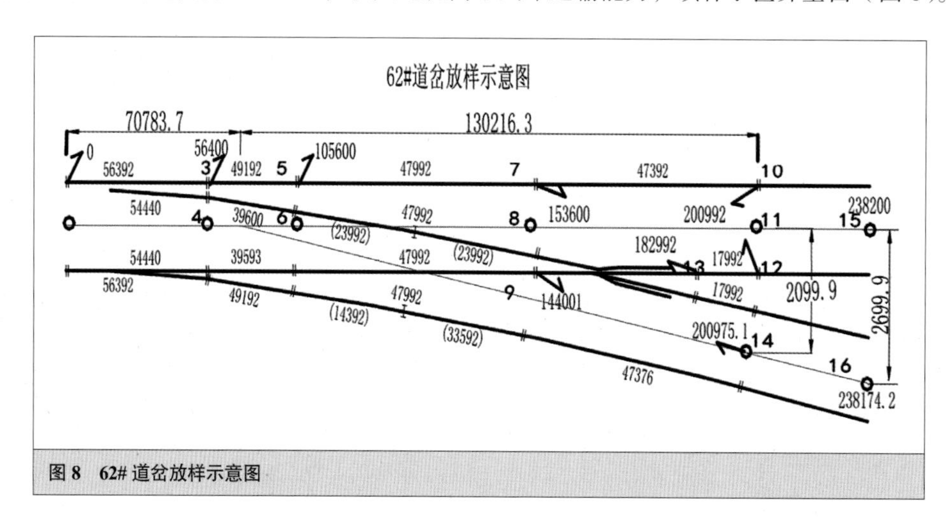

图 8　62# 道岔放样示意图

3　社会与经济作用

哈大铁路客运专线是在世界严寒地区建成的第一条无砟轨道高速铁路，是国务院批准的《中长期铁路网规划》“四纵四横”客运专线网的重要组成部分，南起大连，北至哈尔滨。该通道途经东北经济最发达的地区，沿线城市广布，人口稠密，人流物流频繁，是东北生产、贸易、旅游最繁忙的运输通道。

哈大铁路客运专线开通后，沈阳至大连的运行时间由过去的 4 小时缩短至 1.5 小时，哈尔滨至大连由过去的 9 小时缩短至 3.5 小时，极大地方便了旅客出行，降低了社会运输成本，带动了区域经济发展，为振兴东北老工业基地、改善民生，提供了有力的支撑和运力保障。哈大铁路客运专线总体技术达到国际领先水平，其形成的一系列科研成果和先进技术具有推广价值，对我国蓬勃发展的高速铁路建设事业具有良好的示范和带动作用。

第十四届中国土木工程詹天佑奖获奖工程

福建省泉州至三明高速公路

工程概况

福建省泉州至三明高速公路是国家高速公路网“泉州至南宁”横线和“长春至深圳”纵线的重要组成部分，起点与沈海高速公路相接，终点与福银高速公路相连，是一条与中西部地区公路干线网相连的重要出海通道。项目全长 281.67km，起点至永春互通段 63.33km，设计速度 100km/h，路基宽度 33.5m；其余段落设计速度 80km/h，路基宽度 24.5m。全线共设桥梁 5.98 万米 /276 座，隧道 4.66 万米 /46 座，互通 20 处，服务区 6 对。

项目贯穿沿海和山区，自然环境优美，环保水保技术要求高；地形地质条件复杂，存在软土、滑坡、岩堆、熔岩、危岩体、断裂带与煤系地质等各种不良地质；高墩大跨桥梁和特长隧道多，深路堑边坡和高填路堤突出，南方湿热气候对沥青路面寿命的影响较大，施工难度大，需突破的技术难题多。

项目将“创新、协调、绿色、安全、节约”的发展理念贯穿始终，通过管理创新、设计创新、技术创新，创造了资源节约、绿色和谐、创新发展、综合效益的“四个典范”，在全国公路工程建设中起到了示范引领作用。

工程于 2005 年 10 月开工建设，2009 年 3 月建成并投入使用，2014 年 3 月通过交通运输部组织的竣工验收，总投资 159.89 亿元。

工程特点与难点

（1）工程规模大。全线里程 281.67km，总投资 159.89 亿元。共完成路基土石方 11413.3 万 m^3，建成涵洞（通道）4.01 万米 /817 道、桥梁 5.98 万米 /276 座、隧道 4.66 万米 /46 座，互通式立交 20 处，服务区 6 对。

（2）地质地形特殊。路线贯穿沿海和山区，沿海软土地基多、水系发达；内陆山高谷深，存在滑坡、岩堆、危岩体、断裂带与冲积扇等各种不良地质情况，地形复杂、地质条件差。

（3）工程技术复杂。桥隧里程占线路总长比例高，尤其是技术复杂的高墩大跨桥梁和特长隧道众多，深路堑边坡和高填路堤也很突出，南方湿热气候对沥青路面寿命的影响较大，需突破的科研技术难点多，工程技术和安全、质量控制难度大。

（4）施工条件艰难。沿线现有公路坡陡弯急，设计载荷低，大件设备、材料运输困难；施工场地狭小，施工用砂、用水困难，筑路材料缺乏，高液限土众多，工艺复杂；民爆物品使用频繁，安全管理难度大。

（5）环保水保要求高。项目途经区域大多为耕保地，经过多处旅游景区，沿线青山叠翠，飞瀑溅玉，飞鸟鸣唱，自然环境优美，环保水保的技术难度和投资都较大。

主要科技创新

（1）管理创新。在全国公路系统率先推行施工标准化，形成了材料、工艺、工法、验收全过程的标准化管理，实现了传统粗放式管理到现代工程精细化管理的升级，在节能、节地、节材和环保方面发挥了重大作用；率先建立信用考核体系，率先实行跟踪审计，引导交通建设市场健康有序发展。

（2）设计创新。采用公路勘察设计一体化进行路线总体设计，仿真模拟公路实景运营技术等，实现了设计线型与生态环境相融合。

（3）技术创新。针对福建沿海、山区复杂地质条件和气候因素，开展了福建山区公路边坡工程建造成套技术、连拱和小净距隧道施工技术、高墩大跨连续刚构桥关键技术、南方湿热地区高速公路沥青路面新型结构的系列化综合技术研究及应用。

福建省泉州至三明高速公路建设科技创新综述

陈礼彪[1]　陈　阵[2]　刘志武[3]

[1] 福建省高速公路建设总指挥部
福建福州　351100
[2] 福建省交通规划设计院
福建福州　351100
[3] 中铁十六局集团有限公司福建指挥部
福建福州　351100

摘要： 泉州至三明高速公路是国家高速公路网“泉州至南宁”横线和“长春至深圳”纵线的重要组成部分，是与中西部地区公路干线网相连的一条重要出海通道。建设过程中，在全国率先推行施工标准化，形成材料、工艺、工法、验收全过程的施工标准化体系；率先建立信用考核体系、开展全过程跟踪审计等，推动了交通建设市场健康有序发展，并在全行业推广；采用公路勘察设计一体化进行路线总体设计，仿真模拟公路实景运营技术等，大大提高了设计质量和效率，提升了设计线型与生态环境的融合水平；开展了山区公路边坡工程建造成套技术、连拱和小净距隧道施工技术、南方湿热地区高速公路沥青路面新型结构等一系列科学研究和技术创新，解决了山区和南方湿热地区工程建设关键技术问题和难题，为类似公路工程建设提供了可供借鉴推广的成功经验。

关键词： 施工标准化；信用考核；跟踪审计；仿真模拟；连拱和小净距隧道；新型沥青路面结构

1　概述

福建省泉州至三明高速公路起于海上丝绸之路起点的泉州市，终于闽西北山区的三明市，在带动“山海协作”、促进沿线社会经济发展、提高国防交通保障能力等方面发挥了重要作用。主线长281.67km，建设桥梁5.98万米/276座、隧道4.66万米/46座，总投资159.89亿元，2005年开工建设，2009年建成通车。项目具有工程规模大、地质条件复杂、技术难度高、施工条件艰巨、环保水保要求严等特点。

一方面，针对高速公路建设点多线长面广、建设市场有待完善、施工队伍素质良莠不齐等实际情况，为让优秀的施工班组进入福建市场，使各班组迅速熟练掌握高速公路建设技术标准，使项目管理、施工更加科学、规范、系统，提升管理水平，提高工程实体质量，项目组进行了施工标准化、信用考核、跟踪审计等一系列管理创新。

另一方面，福建素有“八山一水一分田”之说，泉州至三明高速公路路线贯穿沿海和山区，地形地质条件复杂，存在软土、滑坡、岩堆、熔岩、危岩体、断裂带与煤系地质等各种不良地质；技术复杂的高墩大跨桥梁和特长隧道众多，深路堑边坡和高填路堤突出，南方湿热气候对沥青路面寿命的影响较大，施工难度大，需突破的技术难题多。针对项目特点、难点，项目组开展了福建山区公路边坡工程建造成套技术、连拱和小净距隧道施工技术、南方湿热地区高速公路沥青路面新型结构、电子不停车（ETC）联网收费技术、隧道洞口照明参数等一系列科学研究和技术创新。

>>> 作者简介 <<<

陈礼彪（1967—　），男，福建省高速公路建设总指挥部，教授级高级工程师。

陈　阵（1963—　），男，福建省交通规划设计院，教授级高级工程师，福建省工程勘察设计大师。

刘志武（1968—　），男，中铁十六局集团有限公司福建指挥部，高级工程师。

2 主要科技创新

2.1 管理创新

针对高速公路建设点多线长面广、建设市场有待完善、施工队伍素质良莠不齐等实际情况，项目组进行了施工标准化、信用考核、跟踪审计等一系列管理创新。

2.1.1 推行施工标准化

为使项目管理、施工更加科学、规范、系统，在全国率先推行施工标准化。以“三个集中”“两项准入”（即混凝土集中拌合、钢筋集中加工、构件集中预制，隧道二衬台车、桥梁模板准入验收）为载体，提出管理行为、工地建设、施工工艺、过程控制、施工机械设备和模板“五化”标准，推动管理和施工技术创新，编写了《福建省高速公路施工标准化管理指南》，形成材料、工艺、工法、验收全过程的标准化管理体系，解决了建设规模扩张与管理不足的矛盾，有效提升了建设质量和效率，实现传统粗放式管理至现代工程精细化管理的升级，在节能、节地、节材和环保方面发挥了重大作用，具有里程碑式的意义，相继在全省、全国推广，《提高工程质量的高速公路施工标准化管理》获全国企业管理现代化创新成果审定委员会颁发的第十八届国家级企业管理现代化创新成果二等奖（图 1 ～图 4）。

图 1　混凝土集中拌合

图 2　梁片集中预制

图 3　钢筋集中加工

图 4　钢筋数控加工

2.1.2 建立市场信用考核体系

基于层次分析法，形成了囊括行业主管部门、政府监督机构、项目业主在内的对施工、监理单位的建设市场信用考核体系，并很快推向全国。通过项目招标中设置“企业信用分”“主要人员信用分”等条款，将从业单位考核等级与项目招投标直接挂钩，实行“诚信激励、失信惩戒”，促使从业单位和从业人员提高诚信意识，规范从业行为，引导交通建设市场健康有序发展。

2.1.3 实行全过程跟踪审计

为克服传统竣工决算审计存在解释难、纠正难、整改难等问题，在全国率先实行全过程跟踪审计。通过审计前置，对建设项目从投资立项到竣工交付使用各阶段经济管理活动的真实、合法效益进行审查、监督、分析和评价，有效控制和真实反映工程造价，规范建设各方从业行为，促进各方不断改进管理薄弱环节、完善运行机制，维护相关各方合法权益，有效制止违法违规行为，避免损失浪费，提高投资效益。

2.2 设计创新

结合项目特点，贯彻落实“安全、环保、耐久、节约”的设计理念，大胆创新，运用高科技手段，着力提升设计质量与效率。

2.2.1 建立并应用公路勘察设计一体化系统，实现“人机”一体，提高设计质量和效率

开展公路勘察设计一体化系统研究，总体、路线设计采用数字地面模型（DTM）、车辆行驶实景仿真技术指导平纵线形、平纵组合、路基边坡设计以及桥梁、隧道、互通等总体布局设计（图 5）。

设计人员通过系统模块、测量模块、地形图处理模块、设计（路线平面、纵断、路基戴帽、互通）模块、工程数量计算模块，实现“人机”一体，与传统的公路设计软件相比，该系统极大地简化了设计师复杂的手工操作流程，让设计师有更多创作思考的时间，大大提高了设计效率与设计精度，使公路设计更好地融入沿线自然地形、地貌，充分展示设计创作意图，达到设计成果更科学合理的目的。

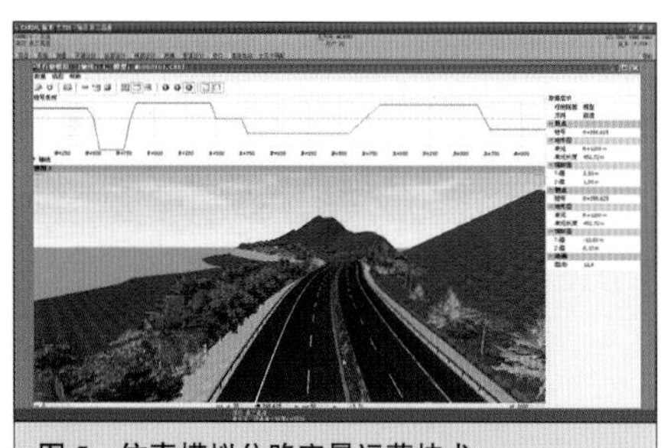
图 5　仿真模拟公路实景运营技术

在国内率先运用运行速度理论指导路线设计，以运行速度理论对路线线形连续性和速度一致性进行检验，全线运行速度与设计速度差值均小于 20km/h，相邻单元最大运行速度差仅为 6.2km/h，实现了连续、一致的均衡设计，保证了行车安全、线形连续、驾乘舒适。《公路勘察设计一体化系统》获得 2008 年度中华人民共和国住房和城乡建设部全国优秀工程勘察设计计算机软件银奖。

图 6　晋江枢纽互通

2.2.2 提出并实施交通枢纽复合互通设计思想，设计了福建省首座枢纽复合互通——晋江枢纽互通

晋江枢纽复合互通是福建省第一座高速公路复合互通，工程实施既要保证沈海高速正常运营，还要考虑预留沈海高速公路由双向四车道扩建为双向八车道的空间。主要创新点：桥梁拼接采取有效措施避免了新旧桥因不均匀沉降、收缩徐变及变形不一致等因素引起的拼接处裂缝的产生；软基段落路基拼宽主要针对不同情况，分别采用相应技术有效解决了新老路基的沉降差异产生的问题；互通 A 和 B 匝道的分岔口位置桥梁最大宽度近 30m，设计摒弃了传统的整体式现浇连续梁的设计方法，有效地减少了大宽度箱梁的横向相对变形大的问题（图 6）。

《泉州至三明高速公路晋江枢纽复合互通工程》获 2011 年度福建省住房和城乡建设厅福建省优秀工程设计二等奖。

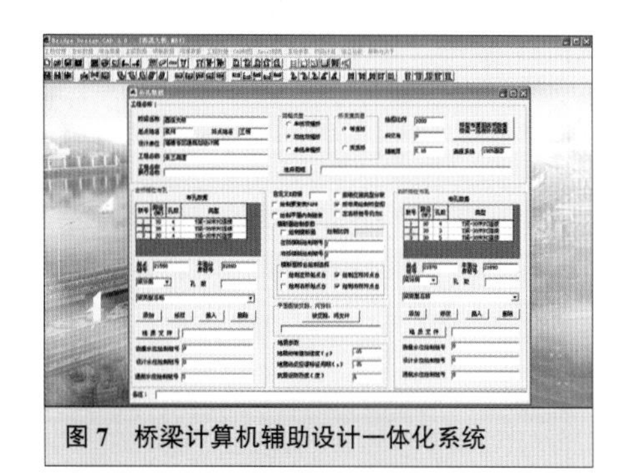
图 7　桥梁计算机辅助设计一体化系统

2.2.3 研发了桥梁计算机辅助设计一体化系统，提高了设计效率和质量

该项创新是属于《国家重点支持的高新技术领域》中高技术服务业，具有自主知识产权、面向行业特定需求的共性技术（图 7）。

利用现代的计算机图形、网络、数据库等技术研制开发了集数字建模、分析计算、数据处理、设计、出图、工程量计算、统计等功能为一体的公路桥梁 CAD 软件，它适用于公路桥梁的工可、预可、初步设计、施工图设计等不同阶段工作。通过设计过程的数字化、数据模块化及人机交互等手段，实现了设计建立桥梁信息模型的自动化、参数化、标准化及信息资源的共享，便于各部门的协同设计、同步修

改及方案的技术经济比选，有效提高设计的效率，减少差错，具有集成度高、设计周期短、设计质量高的优点，同时采用公路勘察设计一体化系统实现无缝链接，大大减轻了设计人员的劳动强度。

《桥梁计算机辅助设计一体化系统》获得 2012 年度中国公路学会科学技术二等奖。

2.2.4 完善连拱隧道传统设计，拓展创新设计思路

连拱隧道因其洞口接线占地面积小，能较好地适应山区地形条件要求，但传统的单直中墙式连拱隧道存在着直中墙渗漏水的固有缺陷。泉州至三明高速公路上溪口、延京、前邓地、叶坑等隧道设计中，创新采用夹心曲中墙连拱隧道设计技术，彻底克服了直中墙渗漏水的缺陷（图 8）。

图 8 上溪口连拱隧道

2.2.5 提出并应用适应南方湿热地区高速公路的组合式沥青新型路面结构，大大提升路面使用寿命

针对以往半刚性沥青路面存在横向开裂多、水损坏严重、抗车辙效果差及对路基不均匀沉降的适应性差造成早期破坏严重等问题，提出不同于半刚性沥青路面的新型路面结构，即采用适应南方湿热地区高速公路的沥青路面新型结构：4cm AC-13C 改性沥青混凝土抗滑表面层（重交通段落表面层采用 4cm SMA-13）+6cm AC-20C 沥青混凝土下面层 +16cm ATB-25 沥青稳定级配碎石上基层 +18cm 级配碎石下基层 +1cm 沥青封层 +32cm 3% 水泥稳定级配碎石底基层。实践证明该新型结构路面使用性能良好，通车运营至今未出现病害。通过全寿命周期经济效益分析表明，该结构较好地适应了南方湿热地区气候条件，可极大降低后期维修养护费用，实现全寿命成本低，长期经济效益与社会效益显著，研究成果获福建省 2010 年度科技进步二等奖（图 9）。

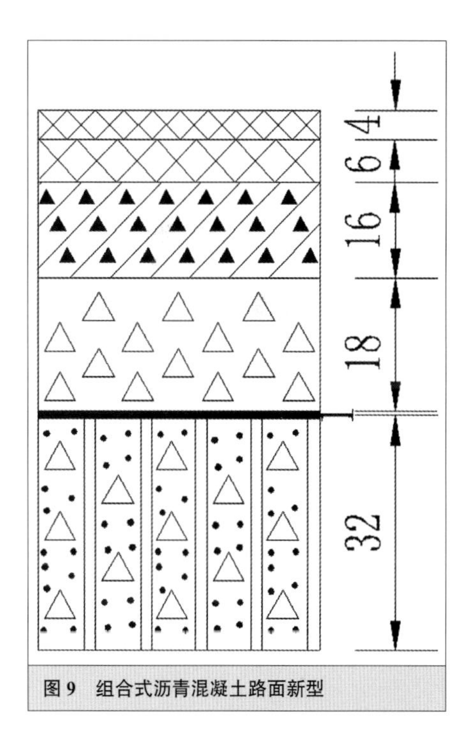

图 9 组合式沥青混凝土路面新型

2.2.6 对交通工程与沿线设施开展系列研究，实现“低碳、节能、环保”目标

交通工程设计以为驾乘人员提供“信息明确、安全可靠”为原则，沿线设施以“低碳、节能、环保”为基点，展现闽南特色文化，表现闽中山川之美。

研发并采用高速公路电子不停车（ETC）联网收费技术，实现节能增效；率先开展高速公路隧道 LED 照明节能应用技术研究和公路隧道洞口段照明参数研究，节能效果明显。

2.3 施工技术创新

2.3.1 高墩大跨连续刚构桥关键技术的研究与应用，保证了成桥线型与质量

依托本项目黄沙一号大桥开展了施工阶段应力和线形监控、通车前的环境振动测试和状态评估、高墩连续刚构桥非线性稳定分析、大跨度连续刚构桥移动荷载识别、钢筋混凝土箱型高墩双向拟静力试

验、强震作用下高墩大跨连续刚构桥的倒塌破坏共6项的关键技术研究工作，攻克了4项关键技术：①高墩大跨连续刚构桥的施工监控技术；②高墩大跨连续刚构桥的有限元建模与模型修正技术；③高墩大跨连续刚构桥的实验与理论模态分析技术；④空间稳定分析、车桥耦合振动分析和地震响应分析技术。

基于以该项课题的研究，创新性地建立了考虑双重非线性的高墩连续刚构桥空间稳定性分析方法、考虑水平双向荷载作用的钢筋混凝土箱型高墩滞回特性、连续刚构桥移动荷载识别方法、高墩大跨连续刚构桥的倒塌破坏分析方法，取得了丰硕的科研成果（图10）。

图10 高墩大跨连续刚构桥

2.3.2 隧道信息化施工监控技术研究，有效降低施工伤亡率

依托泉州至三明SMA13合同段的曹源隧道开展了监控量测课题研究，如施工过程中各关键部位的应力变化曲线图（图11）。

通过本课题建立监控量测具体方法和控制标准，制定监控量测位移管理等级、数据处理应用及反馈机制、编制技术指南，规范福建省各地隧道建设中监控量测工作，减少隧道建设中围岩坍塌与人身伤亡工程事故。

2.3.3 研发并应用高速公路中央分隔带单片式混凝土护栏，提升了公路运营安全保障，有效节约土地资源

开展单片式混凝土护栏研究，研究成果单片式混凝土护栏结构防护能力达到SAM级，防撞能量400KJ，且节约造价、用地，施工工艺简捷，预制段连接方法灵活简便，景观效果良好，获得实用新型专利（图12）。

图12 公路用改进型单片式混凝土护栏

《公路用改进型单片式混凝土护栏》获中华人民共和国国家知识产权局实用新型专利。

2.3.4 开展高塑性土路基压实标准及长期使用性能的课题研究

为科学、合理地利用高塑性土进行路基填筑，减少弃土、借土所需的占地，降低工程造价，开展高塑性土路基压实标准及长期使用性能研究。通过对高塑性土路基施工过程的沉降及工后沉降进行观测分析来研究相关施工技术，合理利用了本项目中分布广泛的高塑性土（约180万m^3），解决了山区高速公路建设过程中大量高塑性土的利用和施工工艺以及质量控制标准等问题，在减少弃土、节约用地、保护环境、降低造价等方面成效明显。基于此项成果，编制颁行了地方标准《福建省高液限土路基设计与施工技术规范》。

3 推广应用

项目建设管理创新具有里程碑式的意义，相继在全省、全国推广，受到广泛好评，为交通运输部在交通行业提出建设“绿色公路”、打造“品质工程”奠定了坚实的基础；公路勘察设计和桥梁设计两套一体化系统已得到了全面推广；夹心曲中墙连拱隧道设计技术在福州

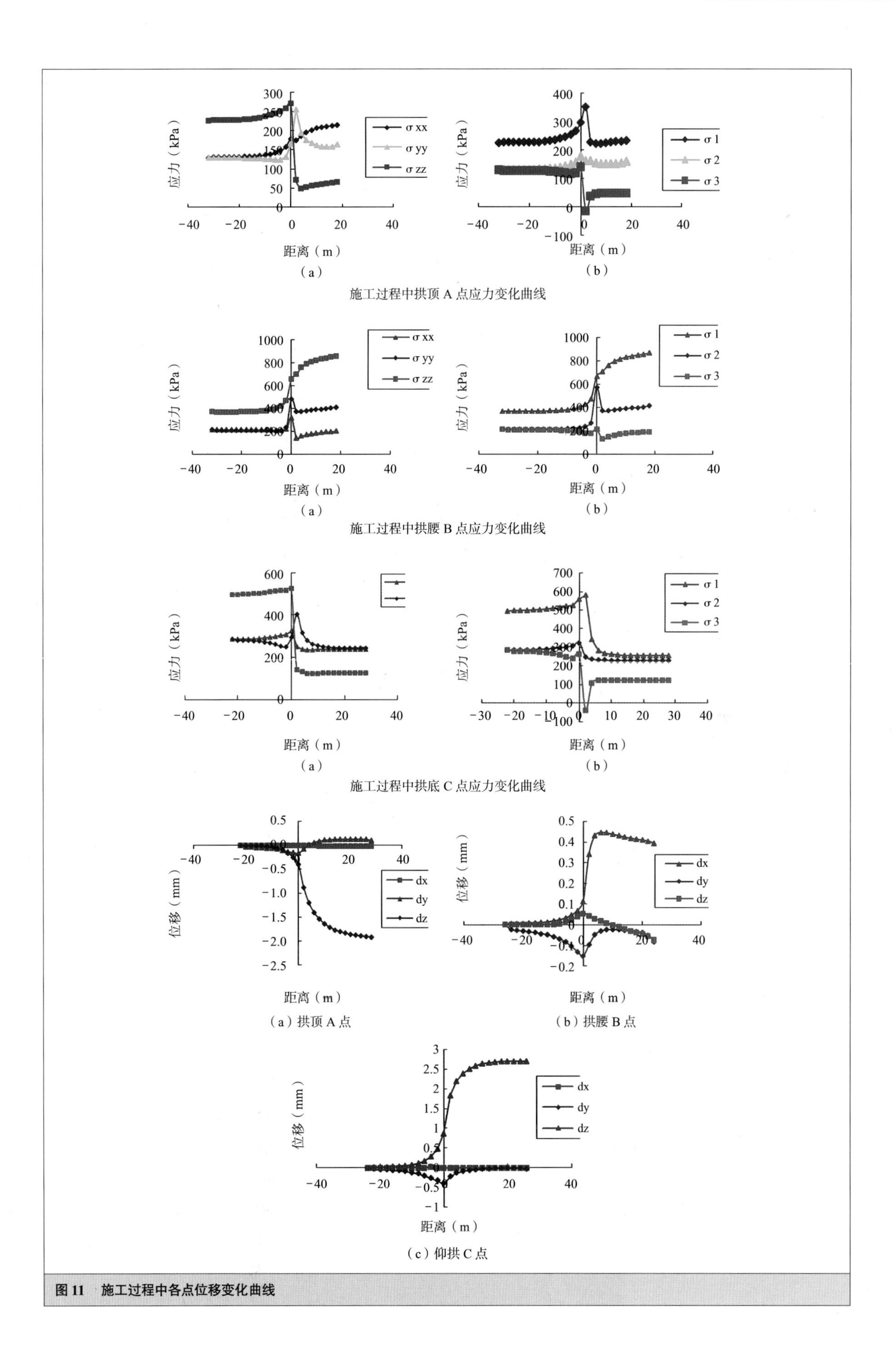

图 11　施工过程中各点位移变化曲线

国际机场高速公路二期等工程中拓展到八车道连拱隧道设计；南方湿热地区高速公路的组合式沥青新型路面结构在福建省得到全面推广应用，在南方湿热地区也具有广阔的推广应用前景，据泉州至三明高速公路运营管理公司统计，泉州至三明高速公路与同期修建完成的其他路段（采用半刚性沥青混凝土路面）相比，每年可节约养护经费4400多万元；高速公路电子不停车（ETC）联网收费技术已在福建省高速公路全覆盖，配合全国第二批15个省市完成了互联互通测试，实现全国29个省市ETC联网，跨省通行数据清分结算的目标；高速公路隧道LED照明节能应用技术在福建省全面推广应用；公路隧道洞口段照明参数研究成果在福建省高速公路隧道建设中得到大量推广应用，并吸收到《公路隧道照明设计细则》中；隧道信息化施工监控技术研究成果在后续项目隧道建设中均得到有效应用，减少了隧道建设中围岩坍塌与人身伤亡工程事故。

第十四届中国土木工程詹天佑奖获奖工程

郑州市天然气利用工程

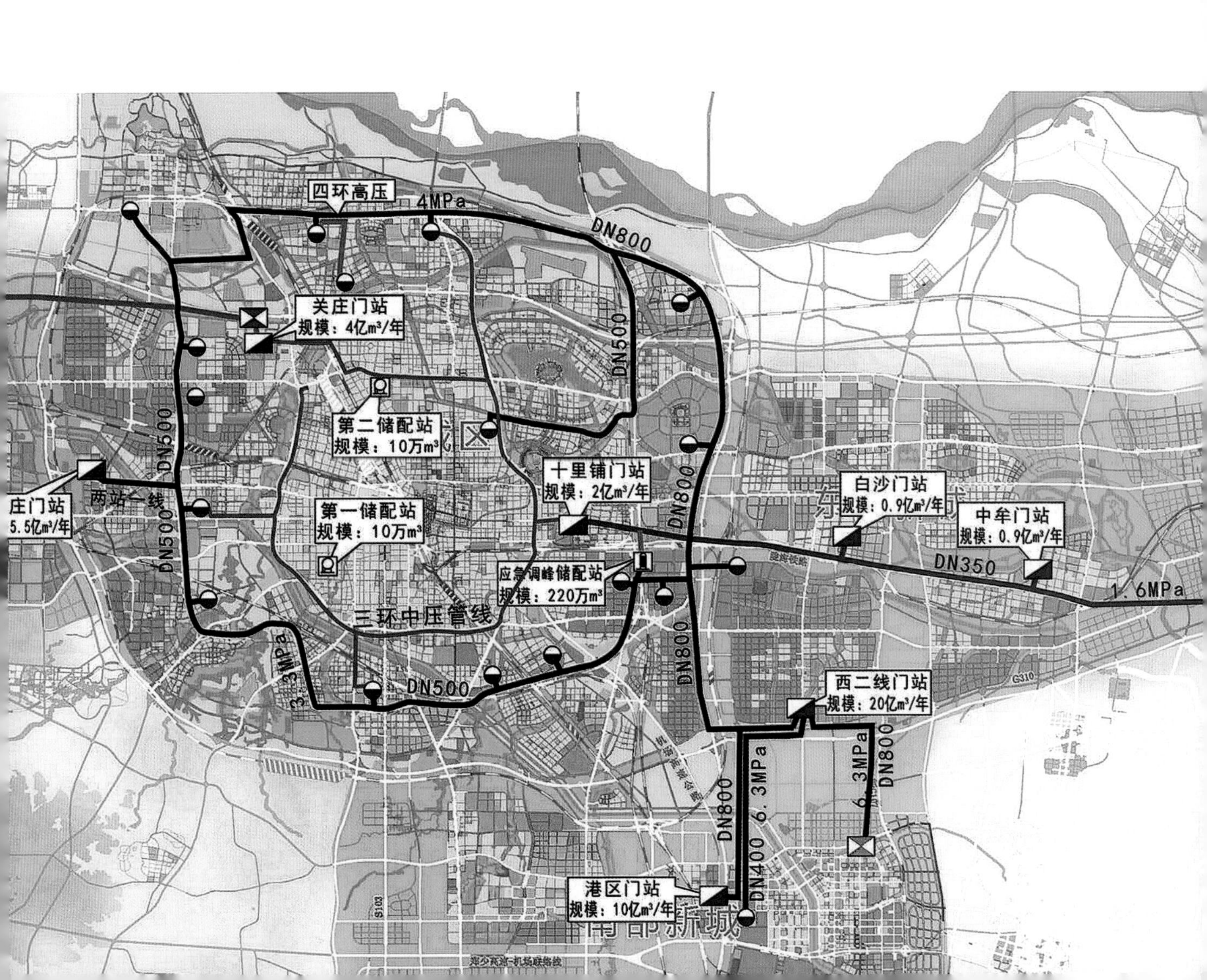

工程概况

郑州市天然气利用工程是国家“西气东输天然气工程”的下游城市配套工程，该工程主要由西气东输郑州“两站一线”等7个分项工程组成。累计建成天然气门站3座，分别接收西气一线、西气二线、中石化和河南省省煤气集团的天然气；天然气储配站2座，高中压调压站14座，CNG/LNG标准站、CNG加气子站、加气母站和LNG撬装站共25座，压差液化工厂1座，高、中、低压管网5495km，建设集成了管网地理信息系统（GIS）、生产调度监控及远程数据采集系统（SCADA）、呼叫中心（CC）及工程项目管理系统（PMS）等信息管理系统34套。形成天然气年接收能力40亿m^3，管理服务居民用户160万户、工商业用户5137户、天然气汽车用户3.2万辆。

工程于2000年1月开工建设，2015年6月竣工，总投资17.5亿元。

工程特点与难点

（1）全国首例建设2台1750m^3 LNG子母罐并用于城市LNG储存调峰，避免了低温常压罐存在的系统复杂、需要设置LNG泵且技术要求高、施工周期长、检修困难、投资性价比低的弊端，特别适合城镇燃气业务特点，对国内LNG储配站建设形成很强的技术示范和引领作用。

（2）全国首例单体最大、罐容总量最大的LPG球罐改造项目，经过强度复核计算、疲劳强度校核以及最低设计温度及对低温冲击试验要求的论证，将原有普通低合金钢（16MnR）生产的4台2000m^3 LPG球罐改造用于高压天然气储配，变废为宝，节省投资3500万元以上。

（3）全国首个施加在城市陈旧性钢制中压管网上，以外加电流深井阳极技术为主的阴极保护系统，可延长管网使用寿命一倍以上，填补国内空白；高压截断阀室加装气液联动紧急切断执行机构，实现快速远程控制阀门的基础上增加自动保护功能；高压燃气管道不停输带气作业技术首次在城市燃气中的应用，为节点工程和特殊穿越工程的实施奠定基础。

主要科技创新

（1）对圃田 LPG 储配站进行应急调峰和能源综合利用改造，包括建设 2 台 1750m^3 LNG 子母罐用于城市 LNG 储存调峰；建设利用城市燃气高、中压管网压力差膨胀制冷生产 LNG 的液化工厂；将单体最大、罐容总量最大的 4 台 2000m^3 LPG 球罐改造用于储存天然气。创新性强，节能、节材、节地效益显著，具有很强的示范作用。

（2）率先在城镇高压燃气管道建设中全面应用下向焊技术；创新采用“三接一”布管实现大型城市主城区大口径、长距离水平定向钻穿越。

（3）创新集成利用 GPS 与北斗精准定位技术、无线光纤通信技术和自主研发的负荷预测、管网宏观模型，建设完成了 GIS 和 SCADA 为核心的调控平台，实现了城市管网的辅助智能调度，强化了对管网安全性的控制。

① LNG 子母罐
② LNG 气化工艺区
③ 应急调峰储配站

郑州市天然气利用工程主要科技创新

陈 豫 胡春英 秦 敏

郑州华润燃气股份有限公司
河南郑州 450000

摘要：郑州市天然气利用工程主要由西气东输郑州“两站一线”等7个分项工程组成，依托不同阶段的项目可研、课题研究和专项规划，按照“总体规划、分步实施、综合利用”的指导思想，坚持建设运营统筹、技术管理并重的原则，建成了“两环、四级、多气源、多通道”的燃气输配系统，形成了多项创新成果，达到了国际先进、国内领先水平，而且突出体现了节能、节水、节地、节材和环保等可持续发展理念。

关键词：天然气；应急调峰；压差液化；下向焊；“三接一”布管；阴极保护；辅助智能调度

1 概述

郑州市天然气利用工程是国家“西气东输天然气工程”的下游城市配套工程。工程的提前规划和同步实施，使得郑州市成为“西气东输一线天然气工程”的第一个通气点火城市，对郑州市能源结构优化和大气环境改善产生了重大影响。

工程依托不同阶段的项目可研、课题研究和专项规划，按照“总体规划、分步实施、综合利用”的指导思想，坚持建设运营统筹、技术管理并重的原则，建成了“两环、四级、多气源、多通道”的燃气输配系统。

该工程完成了多项创新成果，不仅在国内开创先河，达到了国内领先水平，在行业内具有很强的示范引领作用；而且突出体现了节能、节水、节地、节材和环保等可持续发展理念。工程建设期间，累计接收天然气70.8亿m^3，替代燃煤942万吨，减少二氧化硫和粉尘排放量51万吨，二氧化碳排放量1202万吨，气化人口492万人，气化率达到92.06%，为郑州城市快速发展、居民生活水平改善和“气化郑州”蓝天工程做出了重要贡献。

2 主要科技创新

2.1 郑州市天然气应急调峰储配站能源综合利用工程创下了国内三个第一，首创将压差液化工艺运用于城镇燃气应急调峰，实现能源综合利用

郑州市天然气应急调峰储配站能源综合利用工程分为两期建设，一期工程在利用原有LPG储配站土地和部分设施的基础上，新建2座1750m^3 LNG子母罐及配套设施，改建4台2000m^3的LPG球罐为高压天然气储罐，共储存天然气约220万m^3。二期工程为能源综合利用工程，新建1座日生产LNG6.2万m^3天然气压差液化工厂，利

>>> 作者简介 <<<

陈 豫（1968— ），男，郑州华润燃气股份有限公司副总经理，高级工程师；长期从事城市燃气安全技术管理工作。

胡春英（1969— ），女，郑州华润燃气股份有限公司技术设备部经理，高级工程师；长期从事城市燃气安全技术设备管理工作。

秦 敏（1977— ），女，郑州华润燃气股份有限公司技术设备部技术管理员，工程师；长期从事城市燃气技术管理工作。

用高压天然气通过膨胀机降压过程释放的冷量，将部分天然气液化为LNG，是一套典型的节能环保装置。该项目是国内首个利用城市燃气高压管网压力能生产LNG的节能环保项目，攻克了因城市燃气管网压力、流量波动频率和幅度大，难以利用膨胀制冷工艺的技术难题，也是首次将液化工厂的功能由单纯的LNG生产扩展为LNG城市燃气调峰为主、LNG生产为辅，在城市燃气中极具推广价值。

两期工程完工后，该站形成集LNG生产、储存、装卸车、调峰为一体的全链条LNG综合性场站，站内还配套包含1座高高压调压站、2座高中压调压站，是国内规模大、功能全、调峰能力强的储配站，该工程创造了三个国内第一：国内第一个将$2000m^3$ LPG球罐改造用于高压天然气储配，国内第一个将$1750m^3$ LNG子母罐用于城市LNG储存调峰，国内第一个用城市燃气高、中压管网压力差膨胀制冷生产LNG液化工厂，“三个第一”应用于城市燃气调峰，有力地保障了郑州市的平稳供气，使该工程在国内燃气行业中独树一帜。

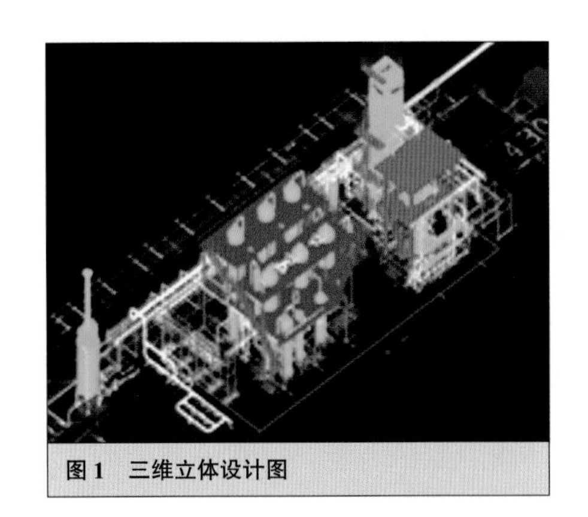
图1　三维立体设计图

高压球罐改造工程：经过球罐的强度复核计算、最低设计温度及对低温冲击试验要求的论证以及球罐的疲劳强度校核，通过当地锅检院对球罐焊缝、压力容器试验等重要项目检测合格后，成功将4台$2000m^3$ LPG球罐改造成高压天然气球罐，用于城市天然气调峰，盘活资产3581.8万元，创造了国内最大的LPG球罐改造为高压天然气球罐的纪录。

图2　压差项目现场

压差液化工厂工程：第一，压差液化工厂的核心设备为增压透平膨胀机，由于膨胀机运行不需要外界提供动力，仅利用高压天然气蕴含的压力能，因此能耗仅为全液化工艺的三分之一，节能减排效果显著，仅压力能的有效利用，一天就可节能3吨标准煤。第二，液化工厂的投用，还大大分流了原有调压站的流量，解决了调压站噪声超标、低温冻害等问题，改善了员工职业健康工作环境，创造了安全效益。第三，可以根据用气峰谷合理安排生产，充分发挥应急调峰作用，实现安全平稳供气。第四，形成集LNG生产、储存、装卸车、调峰为一体的全链条LNG综合性场站，支持周边LNG产业的发展。第五，通过应用Navisworks三维立体模型设计软件对管路及钢结构进行优化设计，实现设备管道更为合理、紧凑的空间布局，通过对土地、设施的综合利用，打造出占地面积最小LNG液化工厂，节省土地$27000m^2$，管材15吨（图1、图2）。

2.2 率先在城镇高压燃气管道建设中全面应用3PE防腐技术和下向焊技术

2001年在“两站一线”工程的高压管线施工中，首次在中原地区采用3PE防腐技术，首次在中原地区城市燃气项目中采用“焊接速度快，焊缝形成美观，焊接质量好”的下向焊焊接工艺。“两站一线”工程是西气东输城市用气的咽喉工程，工程量大，工期紧，质量要求高。而当时燃气行业普遍使用的是由下向上焊的普通手工电弧焊焊接工艺，该工艺焊接速度慢、焊口合格率低。因此，在该工程上，我们采用了由上向下焊的下向焊焊接工艺，该工艺使用的纤维素焊条铁水浓度低、不淌渣，施焊效率提高 50%，焊接材料消耗量减少 20% ～ 30%，所有焊口超声波检测 100% 合格，X 射线检测拍片 I 级片达到了 90% 以上。

图 3 “三接一”布管图

2.3 在市区大口径长距离穿越工程中，创造“三接一”布管的先例

2010 年在北四环穿越工程中，PN4.0DN800 高压管线和 PN0.4DN500 双管穿越，一次须穿越 1200m，受地面条件限制，布管位置只有 500m，而且穿越位置地下为故河道，地质条件复杂。DN500 管道创造性的采用“三接一”布管方式，中间两次焊接、拍片、防腐，采用焊接完成后采取“定时间歇性旋转孔洞内管道”的方式避免抱管，两次中间连接，一次穿越成功，开创了国内市区内大口径长距离穿越中“三接一”布管的先例。后在 DN800 管道穿越时又充分利用与穿越径向约成 30° 的索须河河堤，沿河堤曲线布管，在折角部位采取“打桩加滚动装置”的限位措施，保障了一次性成功穿越（图 3、图 4）。

图 4 沿河堤曲线布管图

2.4 实施在役埋地中压钢管强制电流阴极保护改造工程，延长管网使用寿命

郑州市燃气管网始建于 1985 年，自 1995 年起管网陆续出现腐蚀穿孔泄漏现象，严重威胁着管网的安全运行。为此公司专题研究并组织实施了阴极保护系统的追加建设。共建立了深度为 100m 左右的深井阳极强制电流阴极保护站 20 座，安装牺牲阳极 700 余支、均压线 300 余处、绝缘装置 4730 处、排流装置 30 余套、测试桩 52 个、检查片 39 组，测试各种数据数万个。历经 5 年建设圆满完成了郑州市陈旧性天然气管网的阴极保护项目的建设。

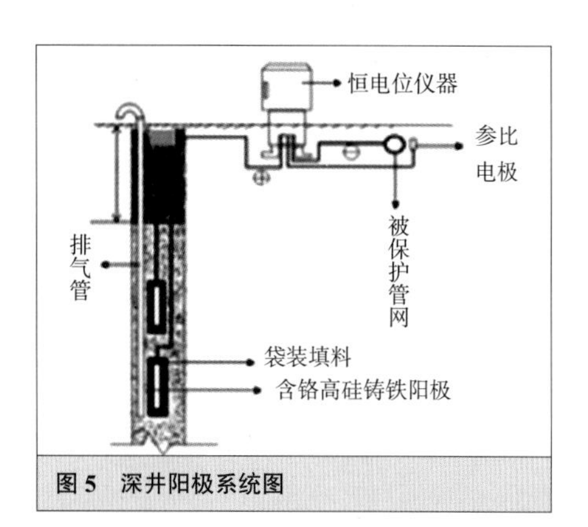

图 5 深井阳极系统图

该项目是国内首次采用“以深井阳极阴极保护技术为主，以牺牲阳极保护为辅，结合使用绝缘、排流、均压等技术”的设计方案，首创设计 100m 左右深的辅助阳极井结构，采用了“分段预制阳极体”“组合装配式深井阳极床”等技术，解决了气阻问题、对外干扰问题和屏蔽作用，并成倍扩大了保护范围，实现了所用钢质管道阴极保护全覆盖，保护区域达 300km^2、保护管网长度达 1700km、涂层保护面积达 100 多万 m^2，填补了我国在城市大型陈旧埋地管网阴极保护的空白，技术上处于国内领先水平。截至目前，整个阴极保护系统已安全稳定运行多年，腐蚀趋势得到遏制，泄漏率、腐蚀抢险次数大幅度下降，使管网使用寿命延长一倍以上，每年可创直接经济效益 1200 余万元，有效保障管网的安全运行，取得了巨大的经济效益和社会效益（图 5、图 6）。

图6 阴极保护站

2.5 自主研发远程调节、控制技术，实现辅助智能调度

经过多年的发展，郑州市已形成多气源、多压力级制、大管径、环城多点供气的高压、次高压、中压、低压四级输配系统，管网建设的同时，同步配套建设了以SCADA系统（远程采集与控制系统）为基础，以自主研发的远程调节、控制技术为核心的管网智能化调控平台。

平台利用自主研发的负荷预测模型，使负荷预测准确度达到96%。利用自主研发的调压器加流量调节阀远程调节、控制技术，在SCADA系统的基础上集成光纤与无线双通道通信技术、通信安全加密技术，联锁保护自动调节技术，在国内城市燃气行业率先解决高中压调压站安全、平稳远程调控的难题，全面实现高中压调压站流量、压力远程调节。结合自主研发的管网宏观模型实现动态跟踪自动调节、预制方案一键式调节，调控准确度达到97%，实现了辅助智能调度。此项技术在国内城市燃气行业内具有独创性、先进性的特点。在此基础上集成GPS与北斗精准定位技术、视频监视系统和周边安防门禁系统，高中压调压站全部由有人值守转变为无人值守。

图7 远程调节阀门开度

图8 调度大厅

与人工现场调节相比，远程调控技术的应用能够及时、准确地调节门站、高中压调压站的流量、压力，超预定限值时系统可以联锁保护、自动回调。在出现应急情况时，通过远程操作可在30秒钟内关闭阀门迅速隔离故障、泄漏设施，高压输配设施的平均险情控制时间（从接险至关闭相关阀门的时间）由人员现场关闭的60分钟缩短为8分钟，有效地提高了输配系统运行的安全可靠性。负荷预测模型和管网宏观模型等辅助智能调度方法的应用，能够更准确地预测负荷、实时监控负荷变化、有效利用高压管道储气调峰，保障了气源供应安全、节约了购气成本和LNG调峰成本。通过与其他相关系统的集成应用，14座高中压调压站全部由每站4人轮班值守转变为无人值守，每年可节省人力资源成本500万元，经济效益显著（图7、图8）。

3　新技术应用推广情况

该项目的新技术大多数是在特定的条件、特殊环境下应用的，不太具备推广性。如 LPG 球罐改造用于储存天然气、受场地限制而实施的“三接一”布管。

LNG 子母罐的建设、压差液化工厂的建设（图 9），在该工程完工后，一些其他地市陆续也有同类的工程应用。陈旧性天然气管网阴极保护技术，是追加在已建的埋地钢质管网上的阴极保护工程，在该工程应用后，其他地市的燃气企业、甚至是自来水公司，都有类似的应用。而下向焊技术目前已经在中原地区全面推广实施。

图 9　压差液化工厂

第十四届中国土木工程詹天佑奖获奖工程

四川大渡河瀑布沟水电站工程

工程概况

瀑布沟水电站是一座以发电为主，兼有防洪、拦沙等综合利用的一等大（1）型水电工程。工程自2009年12月投产发电以来，机组一直处于安全运行状态，截至2016年6月30日，累计发电量815.42亿kW·h。库区移民妥善安置后，生活水平显著提高。工程多次为下游消减洪峰流量，为当地经济和社会发展做出了巨大的贡献。

本工程对深覆盖层复杂条件筑坝起到了示范作用，成套技术得到推广应用。工程获国家科技进步二等奖2项，先后获国际大坝委员会堆石坝里程碑工程奖、全国优秀水利水电工程设计金奖等省部级以上奖励12项，获国家专利7项。

工程特点与难点

（1）瀑布沟工程坝体填筑方量超过2200万m^3，采用两道大间距防渗墙高强低弹混凝土防渗墙，上游防渗墙直接插入心墙，下游防渗墙连接灌浆廊道，混凝土墙体强度超过40MPa，在我国属于领先水平。

（2）瀑布沟水电站工程坝址区域附近没有合适的防渗心墙材料，粘粒含量小于5%的宽级配砾石土通常被认为防渗性能不达标，而从未作为心墙防渗材料使用过。

（3）坝址处覆盖层深度大，坝基覆盖层深度达75.36m，其中架空漂卵砾石层和松散砂层结构复杂，让防渗墙和帷幕灌浆施工难度加大。同时两道防渗墙的连接形式也为施工带来了一定的难度。

（4）工程截流采用无护底、单戗双向立堵进占方式，截流时各项水力学指标国内领先。

（5）放空洞工作闸门孔口尺寸为6.5m～8.6m，采用充压伸缩式水封，闸门挡水头为126.28m，最大总水压力约115000kN，为国内领先。

主要科技创新

（1）针对宽级配砾石土做防渗体这一世界难题，通过国家科技攻关，提出了控制指标，形成了剔除大颗粒调整级配、加大土料压实功能和加强渗流出口反滤控制等配套技术，首次实现了将粘粒含量小于5%

的宽级配砾石土成功地用做大坝心墙防渗料，大坝填筑质量良好，拓宽了防渗材料的范围，充分利用当地材料，推动了土石坝筑坝技术的发展。

（2）针对深厚覆盖层上建高心墙堆石坝重大难题，创新性提出用两道大间距高强低弹的刚性混凝土防渗墙作为坝基深厚覆盖层的防渗结构，以“单墙廊道式＋单墙插入式”与大坝心墙连接，下游防渗墙顶部设有监测兼灌浆廊道，与基岩防渗帷幕共同形成完整的防渗体系。运行以来，坝顶最大累计沉降量为125cm，仅为坝高的0.7%，小于同类工程；两岸及坝体最大渗流量为118.4L/s，小于设计值235L/s。

（3）针对狭窄河谷、大泄量、高水头条件下泄洪消能，以及泄洪雾化对成昆铁路影响等难题，采取分散泄洪、消能方式，特别是溢洪道出口采用鹰嘴式挑流鼻坎（属国内首例），使出口水舌充分扩散，拉长了消能区水流落点范围，解决了岸边溢洪道布置及大流量高速水流泄洪、消能和雾化等难题。

（4）工程建设注重生态环境保护，效益显著。通过坝址优选和技术创新保障了成昆铁路正常运行；在导流隧洞下闸蓄水初期，为避免临时断流对下游河道生态环境的影响，在全国第一次采用了和下游施工中的电站联动蓄水的下闸方案；电站专修的珍稀鱼类增殖站已投放鱼苗355万尾，运行良好；本工程妥善安置移民10.2万人，新建集镇107个，新建县城一座，新建地方公路152km，大大改善了当地人文居住环境，促进了当地经济发展。

四川大渡河瀑布沟水电站工程主要科技创新

严　军　姚福海　孙继林

国电大渡河流域水电开发有限公司

四川成都　610016

摘要：瀑布沟电站是国内首座建立深厚覆盖层上的200m级砾石土心墙堆石坝，工程技术难度大，在建设过程中攻克了宽级配砾石土做防渗体这一世界难题。创新性提出用两道大间距高强低弹的刚性混凝土防渗墙作为坝基深厚覆盖层的防渗结构，溢洪道采用鹰嘴式挑流鼻坎消能等系列新工艺，并采用了大量的新工法，保障了大坝建设及运行期的安全。

关键词：瀑布沟水电站；宽级配砾石土；心墙防渗；鹰嘴式溢洪道

1　概述

瀑布沟水电站位于四川省雅安市汉源县和甘洛县交界处的大渡河干流上，电站装机容量6×600MW，年设计发电量147.9亿kw·h，水库总库容53.37亿m^3，是一座以发电为主，兼有防洪、拦沙等综合利用的一等大（1）型水电工程。最大坝高186m。水库正常蓄水位850.00m，死水位790.00m，消落深度60m，总库容53.37亿m^3，其中调洪库容10.53亿m^3、调节库容38.94亿m^3，为不完全年调节水库。

坝址处于河流由南北流向急转至近东西流向，河道呈“L”型的河湾段，右岸为凹岸，左岸为凸岸，河谷狭窄，岸坡陡峻，枯水期河面宽60～80m，两岸坡度为30°～45°。坝基河床覆盖层由漂卵砾石层，块卵石层组成，厚达40～80m，河床基岩以中颗粒花岗岩，浅变质玄武岩组成，左岸坝肩基岩为弱风化、弱卸荷的花岗岩，右岸坝肩基岩为裸露的玄武岩。

瀑布沟水电站工程由砾石土心墙堆石坝、左岸溢洪道和泄洪洞、左岸地下引水发电系统、右岸放空洞和尼日河引水隧洞等组成。

2　主要技术创新

2.1　利用当地宽级配的天然砾石土解决了坝体心墙防渗的关键技术问题，丰富了坝工界对天然砾石土的认识，拓宽了砾石土心墙坝筑坝材料范围

2.1.1　对有缺陷的天然砾石土进行了工程处理，改善了物理力学指标

根据瀑布沟坝址附近地质情况，首次采用小于0.005mm的颗粒平均含量为5%的宽级配砾石作为心墙的防渗土料。工程通过一系列措施，让其渗透系数达到10^{-5}～10^{-6}cm/s量级，达到防渗土料的要求。

2.1.2　土料运输采用了长距离、大落差、连续下行式皮带机技术

采用了长距离、高带速、大落差、连续下行胶带机进行土料运输，机带长4km、带宽1m、带速4m/s，出入口高差460m。该系统

作者简介

严　军（1962—　），男，教授级高级工程师，国电大渡河流域水电开发有限公司副总经理。

姚福海（1965—　），男，教授级高级工程师，国电大渡河公司副总工程师。

孙继林（1964—　），男，高级工程师，国电大渡河公司瀑布沟水力发电总厂副厂长。

是国内首次将带式输送机应用到水电工程大坝心墙砾石土料运输中，为类似工程土料运输积累经验并提供参考，推广应用价值大。

2.1.3 土料碾压采用了厚层状、25t 凸块碾技术

将砾石土的铺料厚度全断面加大到 45cm，设计并采用 25 吨凸块碾大规模碾压心墙土料，创土石坝月平均填筑强度 64.4 万方，最大月填筑强度 167.5 万方的新纪录。图 1 为碾压现场。

图 1 25t 凸块碾碾压心墙

2.2 解决了心墙防渗体与混凝土防渗墙连接形式的关键技术问题

2.2.1 坝基防渗墙和心墙连接结构形式新颖

瀑布沟工程在近 80m 深度架空漂卵砾石层和松散砂层的河床覆盖层上采用两道深度 82m 的混凝土防渗墙垂直防渗，最终坝基防渗墙和坝体防渗土心墙采用了插入式与廊道式相结合的连接方式，这种连接结构为我国深厚覆盖层上的心墙堆石坝建设探索出了一套经验。图 2 为防渗墙和心墙连接示意图及坝基心墙碾压现场。

2.2.2 改进了超深混凝土防渗墙的施工设备

通过对现有设备与机具的改造与革新，研制了国内外最先进的 ZZ-5、ZZ-6 型重型冲击钻，该钻机是在原试验期间使用的 CZ-30 钻机基础上改造的，主要是加大了钻机的提升能力。通过对重型钻头改进，保证了钻孔深度与成墙厚度。图 3 为防渗墙施工时概况。

2.2.3 混凝土防渗墙墙体质量检查采用无损检测技术

本工程采用单孔声波、跨孔声波、声波 CT 和孔内电视四种无损检测方法进行检测。孔内录像主要针对骑缝孔和破坏性压水部位进行。无损检测可减少检查孔数量，加快防渗墙施工，确保大坝施工进度，全面检测和判定防渗墙质量。

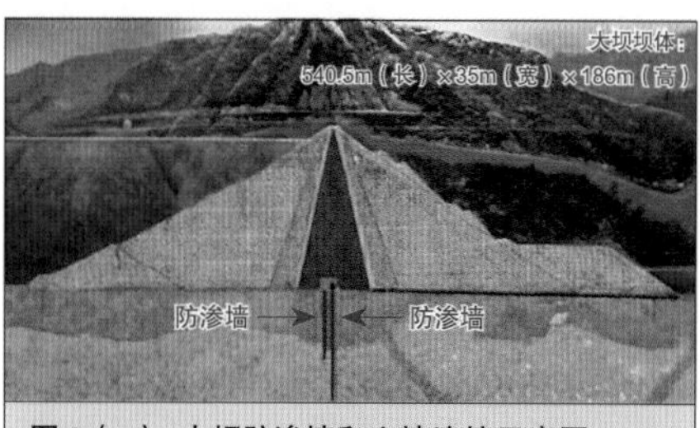

图 2（a） 大坝防渗墙和心墙连接示意图

图 2（b） 坝基心墙碾压现场

2.3 成功解决了土石坝“高水头、大泄量、窄河谷、环境条件特殊”泄洪消能难题

2.3.1 溢洪道挑流鼻坎结构新颖

溢洪道出口采用“鹰嘴型”消能形式，属国内首例。水舌出挑坎宽厚分成两部分，左侧水流向右侧的翻卷充分，水舌掺气和扩散良好，入水水股分布均匀；右侧水流为直进出射水流、拉长了消能区落点范围；翻卷水流和直进水流的组合，实现了水舌的充分扩散，形成双落点消能格局。成功解决了溢洪道出口 105m 高落差的消能，在保

图 3 防渗墙施工

证水舌归槽的同时，也减小了下游河道的冲刷。图 4 为溢洪道“鹰嘴型”挑流鼻坎的体型和泄洪时情况。

2.3.2 泄洪洞出口消能成功解决了对“成昆”铁路的影响问题

通过科技攻关和方案比选，掺气坎采用“梯形坎槽 + 缓坡平台 + 局部陡坡”组合形式。出口挑流未对成昆铁路造成影响。泄水建筑物混凝土除采用外掺硅粉工艺外，还在表面涂刷了抗冲耐磨环氧胶泥。泄洪洞和溢洪道经过 6 个汛期的考验运行情况良好。图 5 为泄洪洞泄洪时的情况。

图 4 溢洪道“鹰嘴型”挑流鼻坎体型和泄洪图

图 5 泄洪洞泄洪

2.4 施工技术和进度、质量在国内处于一流水平

2.4.1 主河床截流技术在国内同类工程中处于领先水平

瀑布沟工程在高山峡谷地区大流量陡比降（约 6‰）深厚覆盖层（最大深度约 80m）上采用不护底的单戗立堵截流方式。龙口最大落差 4.92m、龙口最大流速 8.1m/s 的工程截流。合龙历时 24h，最大抛投强度 3352m^3/h。图 7 为截流合龙鸟瞰图。

图 6 截流合龙鸟瞰图

2.4.2 地下厂房开挖速度处于当时国内领先水平

地下厂房洞室群总开挖方量达 245.4 万 m^3，主厂房岩锚梁以上开挖跨度 30.7m，岩锚梁以下开挖跨度 26.8m，长 294.1m，在当时已开挖完工的地下厂房工程中位居第五。

通过施工全过程系统仿真，为施工方案优化提供了技术依据。实际开挖工期 24 个月，创造了水电站大型地下厂房快速开挖的施工新记录。图 7 为地下厂房总部开挖时的情况。

图 7 地下厂房总部开挖图

3 结语

瀑布沟水电站工程成功运用宽级配天然砾石土做防渗心墙，拓宽了防渗材料的范围。大坝采用“基岩帷幕—两道混凝土防渗墙—廊道—两岸混凝土垫板—砾石土心墙”组成的防渗系统，成功解决了防渗体材料与覆盖层的协调变形问题，坝体变形与防渗效果良好。溢洪道出口采用“鹰嘴型”消能形式，解决了高水头、大泄量、窄河谷的泄洪消能难题。采用无损检测技术等一系列新工艺，不仅节约了工期，同时节约了大量投资，为后续的工程提供了很好的借鉴意义。瀑布沟水电站的修建也推动了在深厚覆盖层上建高土石坝的筑坝技术向前发展。